U0107255

# 茶席窥美

## 茶席设计与茶道美学

静清和 著

九州出版社

JIUZHOUPRESS

**图书在版编目（CIP）数据**

茶席窥美 / 静清和著. --北京：九州出版社，
2022.12（2023.12重印）

（静清和作品）

ISBN 978-7-5225-1488-8

Ⅰ．①茶… Ⅱ．①静… Ⅲ．①茶文化－中国－通俗读
物 Ⅳ．①TS971.21-49

中国版本图书馆CIP数据核字（2022）第230257号

**茶席窥美**

作　　者　静清和　著
选题策划　于善伟
责任编辑　毛俊宁
封面设计　吕彦秋
出版发行　九州出版社
地　　址　北京市西城区阜外大街甲35号（100037）
发行电话　（010）68992190/3/5/6
网　　址　www.jiuzhoupress.com
印　　刷　北京捷迅佳彩印刷有限公司
开　　本　880毫米×1230毫米　32开
印　　张　12
字　　数　300千字
版　　次　2023年3月第1版
印　　次　2023年12月第2次印刷
书　　号　ISBN 978-7-5225-1488-8
定　　价　88.00元

## 正本清源说茶真

时光如梭，光阴似箭。从 2014 年的《茶味初见》出版，到今年的《饮茶小史》付梓，春去冬来，不觉十余年矣。板凳甘坐十年冷。十余年来，我几乎放弃了所有的娱乐及社交活动，不是在茶山做茶，就是在灯下写稿，只为专心把自己要写的系列茶书写完。门前的枝柯绿了又黄，黄了还绿，而我却早已两鬓斑白、双目昏花。其中甘苦，冷暖自知。

在近代中国的茶界上下，包括一些学者，但凡谈及茶，必然会提到神农、三皇五帝与诸多神话传说，似乎言及的历史越久远，则表征自己于茶的研究或理解越深刻，这其实是非常荒唐与可悲的。对于这些乱象，西汉刘安在《淮南子》卷十九中，早已一语道破。其中写道："世俗之人，多尊古而贱今，故为道者，必托之于神农、黄帝而后能入说。"古人尚且明白的道理，习茶的今人，却将这些经不起推敲与反问的神话、传说奉为圭臬，且以讹传讹、人云亦云，岂不更加荒谬？鉴于此，我便从 2008 年伊始，在当时的茶论坛及新浪博客，撰写了多篇持不同观点的文章，意在拨乱反正，并以节气为纲，谨遵四时之序，持续写下了应怎样按照二十四节气的变化，去顺时应序、健康喝茶的系列文章，后结集成为我的首部茶书《茶味初见》。此后，又陆续出版了《茶席窥美》《茶路无尽》《茶与茶器》《茶与健康》《饮茶小史》等专著。

　　著作虽然不多，其中也可能存在着诸多不足，但却凝聚着我十余年来执着于茶的心血与汗水。在日常的交往中，经常会有朋友、学生问起，这六本书应该怎样去阅读？是否存在着先后的顺序？作为作者，我认为：习茶一定先从最优质的茶喝起，依照先好后次的顺序，在建立起必要的审美与正确的口感之后，茶之优劣，豁然确斯。因此孟子说："故观于海者难为水，游于圣人之门者难为言。"而读茶书，则宜遵循先难后易、先专业后休闲的原则，以理性客观、专业系统的知识为保障，此后的所学，才不容易被碎片化、江湖化、鸡汤化的信息所带偏。假如阅读放弃了系统性、深刻性，不仅于己无益，而且还可能会堕入低级、反智的陷阱之中。倒餐甘蔗入佳境，柳暗花明又一村，不才是读书、学习的最佳感觉吗？

面对《茶味初见》《茶席窥美》《茶路无尽》《茶与茶器》《茶与健康》《饮茶小史》，可先通读《茶路无尽》，把六大茶类的本质及茶类起源的相互影响了解清楚，建立起茶的基本知识与框架之后，再读《茶与健康》，就能更本质地去认知茶，端正和培养健康的饮茶理念，始可正本清源。当洞悉了茶的本质以后，自然就会对泡茶的原理了然于心，此时去读《茶席窥美》，有意识地运用人体工学原理，在人、茶、器、物、境的茶道美学空间里，去感受茶与茶器惠及我们的身心愉悦、美学趣味，才能使我们的日常生活艺术化、审美化。

当对实用且美的茶器，有了初步的认知之后，若再去系统地阅读《茶与茶器》，就能清楚，针对不同的茶类，应该怎样去正确地辨器、择物？也会了解制茶技术与饮茶方式的进步，是如何交互影响到茶器的设计、应用及演化的。而贯穿于饮茶历史中的茶与茶器的鼎新与变化，能让我们一窥千百年来古人吃茶的风景及审美的变迁。此后，再读《饮茶小史》，就会通晓煮茶、煎茶、点茶、泡茶之间的深层关联和区别，也会理解浮生日用的果子茶、文人茶及工夫茶之间的演化规律及逻辑关系。

厚积落叶听雨声。当透彻理解了茶与茶器的底蕴，就能充分地去享受因茶而生的茶道美学，在四时的光影里，依照节气的变化，从立春到立冬，在每天的一盏茶里，去领略蕴含在二十四节气中的茶汤与茶席之美，生活便因茶而产生了超越庸常的悦人之美，以此抗拒人生所可能遭遇到的诸多无奈、无聊、无趣、无味。至此，上述六本书的内容，就可以构成一个相互解读、相互补充、相互参照、相互印证的较为完整的知识体系。在知识碎片化、阅读碎片化的当下，这套知识体系较为完整、思想较为独立、视角较为独特的全新纸质茶书的出版，便凸显出了其特殊的价值与意义。

窗前明月枕边书。尤其是珍藏一套知识体系较为完整且有一定深度的茶书，闲暇光阴里，茶烟轻飏，披读展卷，书香、茶香，口齿噙香，是尘俗里的洗心之药；世味、茶味，味外之味，是耐得住咀嚼的浮世清欢。

静清和

2022 年 11 月 18 日

自
序

《茶席窥美》作为国内首部茶席设计与茶道美学专著,自2015年4月出版以来,至今累计印刷了11次,在此向给予本书支持与厚爱的朋友们表示感谢。厚爱亦是鞭策,鞭策是督促我不敢懈怠、不断进步的动力和源泉。

吾生也有涯,而知也无涯。学,然后知不足。值《茶席窥美》再版之际,结合自己近五年来的茶学实践与系统思考,正好对该书存在的不足与遗憾之处,进行一番必要的补充和修正。

远取诸物,近取诸身。这是我们不断获取智慧与知识,进而感而遂通的根本。以古为鉴、与古为新,才能真正明晓事理、学以致用。对茶、茶器、茶席设计、茶道美学的学习与探讨也是如此,都无法脱离滋润国人数千年的那段精彩纷呈的发展历史。否则,便如东汉王充《论衡》所言:"知今而不知古,谓之盲瞽;知古而不知今,谓之陆沉。"因此,特别又对茶席的历史发展部分,再次进行了系统而周严的梳理;尤其是对明代初期茶与器的审美,为什

━━━━━━

么会如此深刻地受到宋代的影响，做出了更为严谨而深入的比较与探讨。对茶席构成的茶器部分，也进行了重新的溯源和考证，以使让大家更为详尽地去了解每一件茶器的前世今生及发展变革的来龙去脉。掌握了这些系统而必要的知识，对于茶类的瀹泡、茶器的选择、茶席的设计、茶道美学思想的建立等，其潜移默化的影响，无疑是举足轻重的。

考虑到与曾经出版的《茶味初见》《茶路无尽》《茶与茶器》《茶与健康》所苦心孤诣构建的独特的茶学知识体系，在此次《茶席窥美》的修订过程中，删除了《水为茶母，清轻甘活》一章，重点突出和深入挖掘了茶器美学与茶席美学的有关内容，使全书的脉络、布局更加条理清晰，重点突出，有的放矢。这也算是有效抵制当下自媒体刻意误导、断章取义，治愈知识碎片化的一剂清凉药方。另外，大幅度地增加和替换了很多图片，力求图文并茂，文图相关，以图释文，相得益彰。

茶，得春阳之首，占万木之魁。翠竹碧梧，苍苔红叶中，一茶席，亦是人在草木中的诗意栖居。一盏在手，纳山川丘壑之灵禀于心，祛襟涤滞，致清导和，洗尽尘心，其兴难尽。意犹未尽的，不仅有清润苍生的啜苦咽甘、含英咀华，还有一席茶中蕴含的妙心禅意与美学趣味。

鲁迅先生说："有好茶喝，会喝好茶，是一种清福。"明代陈眉公曾感叹道："凡福易享，只有清福难享。"可见，这清福并非人人可享，它与自身修为有关。什么是清福呢？清福是清闲安适，无事于心；是般般放下，事事都休；也是一味疏慵，万古淳风。有好茶喝，需要缘分、需要慧眼，方不为茶所累。会喝好茶，需要见识，需要审美。是"闲来松间坐，看煮松上雪"。是佳客、幽坐、泉甘、器洁、清供、会心、赏鉴。

茶，根于山而长于水，从本质上讲，茶品味的还是生态，是自然气息的返观内照。忙里偷闲，把自己融入到自然山水之中，通过一席茶，还原出茶的本真香气、清透滋味，其身心愉悦和回味的，不就是幽野清芬和山水清音吗？从这个意义上讲，在古今中外的所有茶事活动中，令人醉心的，就是从中国传统哲学中抽离出来的这种山水精神、人文情怀。这种山水精神，即是茶的精神。借由一盏茶，可以含道映物，安顿性灵，滋养身心，使庸俗的日常的生活艺术化、审美化成为可能，以此使人在无聊繁琐的漫长生涯中，能够获得些许的感性快乐和审美愉悦。使人生处穷独而不闷，居庙堂而不骄。而寓于山水花木之间的茶席，正是跨越在世俗与清雅、纷扰与安闲的一扇审美之门。槛外是滚滚红尘、物欲情累；槛内则是耳目清旷、水流花开。以茶为"隔"，即是茶席设计与茶道美学对于我们今天所具有的最重要的意义。

闲停茶碗从容语，醉把花枝取次吟。茶席是为品茗构建的一个关于人、茶、器、物、境的茶道美学空间，借茶之"清味"，通过一席茶、一炉香、一瓶花，营造出与世俗有所隔离的生活之美。这种根植于日常生活的自我觉醒的审美，本也是禅宗的"一花一世界"。

茶作为天地间至清之物，越众饮而独高，虽有出世之妙，也有入世之美。因此，我们既需学会健康地去泡茶，又要学会更美地去喝茶，此次修订的《茶席窥美》，正是基于人体工学原理及实用且美的原则，抛砖引玉，以期对有志于健康饮茶、风雅喝茶的朋友有所启发。万物皆有缝隙，那是光照进来的地方。愿《茶席窥美》是那束光，让我们在品茶、泡茶的闲逸中，感受到生活之美之趣；于闲赏中品味到一席茶的味外之味、韵外之致，如此，才不负光阴不负卿。

静清和

2020年7月7日于静清和茶斋

茶席窥美

茶为席魂，心饮为上

茶，解渴清心，以品为上。茶滋于水，水藉乎器。茶汤无形，无器不盛。

茶，止渴清心、倦解懵除，以品为上。茶滋于水，水藉乎器。茶汤无形，无器不盛。器，为茶之父。器以载道，道由器传。所谓茶道，其本质就是关于茶的艺术，或是茶的美学。形而上者谓之道。而形象的直觉即是美。技可进乎道。只有技艺精熟了，上升到美，就近乎"道"的范畴了。于此可见，由茶与器之门径而入的茶道，就是一门极富情趣化的雅致的生活艺术。而茶席则可视为是茶道有规则、有秩序的外化的具体表达。

老子《道德经》的"有之以为利，无之以为用"，借用到茶席上，非常贴切适用。此处的"有"，是指具体的茶席，通过茶器，为我们构建一个舒适便利的品茗空间。"无"，是指茶席为我们打开了一扇可以窥探传统之美的诗情画意的窗户，借由茶席的画意、茶汤的色彩、茶汤的香气、茶汤的滋味、茶汤的气韵，让我们神态安然地平静下来，真切地用心去感受茶的"幽薄芳草天真气"，感受茶的"人生百味寓其中"，进而提高我们品茗的境界以及中正淡和的审美体验。无寓于有，无用之美，恰是我们人生的乐趣与涵养性情的源头活水。

茶席，狭义地讲，它是一个品茗的平面；广义地讲，却是为品茗构建的一个人、茶、器、物、境的茶道美学空间。它以茶与茶汤为灵魂，以茶器为主体，在特定的空间形态中，与其他的艺术形式相结合，共同构成的具有独立主题、并有所表达的艺术组合。茶席，也是在庸常、枯燥的日常生活中，辟出的一方心灵净土，一方纯粹的精神享受与审美空间，以"挹古今清华美妙之气"，颐养性情，乘物以游心。

茶席的存在，不是刻意地"摆"，是用心地去"布"。应天之时，载地之气，加以材美与工巧，借以实现自然与人、人与茶、茶与器、器与器的协调呼应、相得益彰。器具之间，不是干枯的罗列展示，彼此有着生命的相生相惜，有着气韵流动的相互映照。茶席不是作秀，是为了让我们更美更风雅地去喝茶。茶席是实用且美的艺术，二者不可孤立与分割。茶席的存在，首先是实用，其次才是美。茶席营造衍生出的美感，是为实用去服务的。日本工艺大师柳宗悦说过："随着使用，器皿之美与日俱增。弃之不用，器皿便会失去意义，美亦将不复存在，故而美是用的表现。"因此，茶席是有思想、有表达、有诗情、有画意的茶道艺术组合。

既然茶席是一个以茶为灵魂的茶道美学空间，那么这个空

间里的所有载体与构件，都要服从和衬托于表达茶与茶汤这个主体，而不能喧宾夺主，影响了茶之本质及趣味的表达。明代陈继儒在《小窗幽记》中说："知蓄书史，能亲笔砚，布景物有趣，种花木有方，名曰清致。"茶席的清致与美，与陈眉公所言又是何等的相似！

茶的品饮，又以汤色、滋味、香气和气韵为主，而感受这四个要素，必须依靠与调动我们的感觉和知觉，去细细体会与品味。"欲达茶道通玄境，除却静字无妙法。"静，是中国茶道修习的必由途径。为道日损，喝茶本是对身心做些减法，损减了人生的过多欲望，我们自会容易归于淡静。只有不断地削减茶道空间里那些影响眼、耳、鼻、舌、身、意的干扰因素和信息冲击，我们的身心才能变得松弛、沉静；我们的直觉和感觉，才会更加敏锐、精准。因此，茶席的设计，要力求简古通幽、质朴素雅。正如米开朗琪罗所说："美就是净化过剩的过程。"茶席的清致与否，在于你如何剔除那些影响美丽的因素。这个观点，与德国建筑大师密斯·凡德罗提出的"少即是多"的设计哲学，不谋而合。

"工欲善其事，必先利其器。"身心的愉悦沉静与否，还与茶席平面的大小，泡茶人的坐姿，泡茶人在茶席空间内的最大伸展能力，以及身心能够承受的负荷，茶席的色调，煮茶器、泡茶器、品茶器把持的舒适性，泡茶、分茶的逻辑秩序等因素紧密相关。

# 茶席历史，繁简素丽

茶席从唐的华丽奔放，到宋、元的沉静内敛，再到明代，茶席已经发展到精致隽永、精益求精的阶段。

翻开中国茶的发展历史，虽不见茶席之名，但是，这并不意味着茶席不曾存在过。既然茶席是品茗所必需的一个平面或是美学空间，那么，只要存在着茶饮的本质与形式，就一定有着茶席的存在。而其名之存无，并不重要。不言其他，仅仰观俯察一下中国茶器的发展历史，就能触摸、感知到在不同历史时期中茶席的多种存在模式。

晋代文学家左思的《娇女诗》有："止为荼菽据，吹嘘对鼎鑑。脂腻漫白袖，烟熏染阿锡。"左思的两个女儿纨素和惠芳，吹火煮茶的生动可爱画面，铺陈诗中，跃然纸上。左思描写的虽是居家日常煮茶，这也足以说明，在晋代，茶席已经初具雏形。

茶宴，又称茶会。无论是以茶代酒作宴，还是茶与茶食并用，期间都蕴含了我国最早茶席的雏形。我们最早能够看到的华丽茶宴记载，要数唐代吕温的《三月三日茶宴序》了，其中写道："三月三日上巳，禊饮之日也。诸子议以茶酌而代焉。乃拨花砌，憩庭阴，清风逐人，日色留兴。卧指青霭，坐攀香枝。闻莺近席而未飞，红蕊拂衣而不散。乃命酌香沫，浮素杯，殷凝琥珀之色，不令人醉。微觉清思，虽五云仙浆，无复加也。座右才子南阳邹子、高阳许侯，与二三子顷为尘外之赏，而曷不言诗矣。"这段文字虽然不多，但却对茶香、茶盏、汤色、茶境，作出了详细交代。尤其写到了"闻莺近席"，其中的"席"，不就是我们今天的喝茶平面——茶席吗？

茶宴一词，最早出自南北朝时期山谦之的《吴兴记》，其中有："每岁吴兴、毗陵二郡太守采茶宴会于此。"唐代天宝年间，钱起的《与赵莒茶宴》诗有："竹下忘言对紫茶，全胜羽客醉流霞。"白居易因病未能参加长兴和宜兴一年一度的境会亭茶宴，便写下了"自叹花时北窗下，蒲黄酒对病眠人"，道出了内心无限的遗憾与惆怅。

"自从陆羽生人间，人间相约事春茶。"真正意义上的茶席出现，应该是在陆羽《茶经》问世的前后。《茶经》对煎茶的改造以及对茶席的规范，把唐人从茶的纷乱无序的药用、羹饮时代，带入了品茶清饮的崭新境界。茶饮从此变得更加完善纯粹，越众饮而独高。

十章《茶经》，七千余言中，陆羽详尽道出了茶汤的审美。如："又如回潭曲渚青萍之始生"，"若绿钱浮于水湄；又如菊

唐代阎立本《萧翼赚兰亭卷》的煎茶局部，
司茶者左手持茶铛于风炉上，右手以竹筴环激汤心。

英堕于樽俎之中"。在茶器应用上，他首次提出了"青瓷益茶"
的理念。规范了茶席的形制，如："夫珍鲜馥烈者，其碗数三；
次之者，碗数五。若座客数至五，行三碗；至七，行五碗。"因
地、因人、因茶制宜，又灵活提出了茶席设置可繁可简的规则。
如："其煮器，若松间石上可坐，则具列废。""若瞰泉临涧，
则水方、涤方、漉水囊废。"等等。但在正式茶席上，一件也不
允许省略。对此，陆羽《茶经》重点强调道："城邑之中，王
公之门，二十四器缺一，则茶废矣。"

茶会、茶席设计中的挂画，最早起源于《茶经·十之图》的

要求："以绢素或四幅、或六幅分布写之，陈诸座隅，则茶之源、之具、之造、之器、之煮、之饮、之事、之出、之略，目击而存，于是《茶经》之始终备焉。" 唐代茶席设置的悬挂内容，主要还是《茶经》的内容，或者是一些关于茶的知识；沿袭、演变至宋代，挂画改以诗、词、字、画的卷轴为主。

宋代，宋徽宗受到蔡襄《茶录》"茶色白、宜黑盏"的影响，进一步深化了茶盏的审美。他在《大观茶论》里写道："盏色贵青黑，玉毫条达者为上，取其燠发茶采色也。""用盏之大小，盏高茶少，则掩蔽茶色，茶多盏小，则受汤不尽。盏惟热，则茶发立耐久。"宋代斗茶，采择制作益精，以白为贵，故选择

对比性较强的黑色，来衬托茶的白色；壁厚的茶盏，保温性能较好，故可使茶的香气保持久长。这些宜茶的直接经验与观点，对于今天茶席器具的选择，仍具有重要的指导意义。

唐宋的饮茶环境和茶席的背景，已经开始注重竹林、松下、花荫、名山、清涧等宜茶的幽境，但宋代杜耒的《寒夜》诗："寒夜客来茶当酒，竹炉汤沸火初红。寻常一样窗前月，才有梅花便不同。"却使一钩新月和梅花的疏影横斜，以剪影的清美蕴藉，首次映入了茶席的视野。伴茶惟有梅花影，这一席茶吃得可谓前无古人。

元代的历史较短，有意境的茶席不多。独刘敏中在雪夜的酒后，遂开玉川月团，见瓶中蜡梅烂漫，于是相与嗅梅啜茶，并写下："细烹阳羡贡余茶，古铜瓶子蜡梅花。"元代这席茶的清雅，总算是压过了山西羊酥的膻味。

明代，朱元璋废掉团茶，唐代的煎茶和宋代的点茶，被更为简洁的瀹泡法取代。明末沈德符《野获编补遗》说："今人惟取初萌之精者，汲泉置鼎，一瀹便啜，遂开千古茗饮之宗。"与之相应，茶席的构架和器具，便发生了翻天覆地的变化。尽管明人仍在找寻赵宋逝去的审美与影子，但是，在明代中后期，却也能删繁就简，逐渐淡化宋代的"茶色贵白"，而以青翠为胜。以更加开放自由的心态，与古为新，崇尚清韵，追求意境，使得基本的瀹泡方式与茶器改造，很快趋于完善和成熟。明代茶人很有见地地提出了"茶壶以小为贵","茶杯适意者为佳",茶瓯"其在今日,纯白为佳,兼贵于小"的优雅实用理念。他们并于精舍、庭院、竹荫、蕉石前,插花、煎水、烹茶、焚香等,这都充分体现了明人饮茶更加注重茶席空间的审美与趣味。在明末陈洪绶的《品茶图》和《闲话宫事图》中,煮茶器、泡茶器、品茶器、插花器等,已经非常明确地分开,茶的瀹泡法历历在目。静美规范的传统插花,已成为茶席不可或缺的点缀,甚是清雅风

明代唐寅的《煎茶图》。

致。茶席设计中的瓶中插花，盆中养蒲，虽是寻常的清供，却实关幽人的性情，若非得了趣味，何能生致！

明代茶寮的出现，使幽人雅士有了自己品茗的专属美学空间，以安顿身心，涵养性灵。文震亨和屠隆在著述中，皆写到了茶寮："构一斗室，相傍山斋（书斋），内设茶具，教一童专主茶役，以供长日清谈，寒宵兀坐，幽人首务，不可少废者。"许次纾在《茶疏》中，较为详细地描述了茶寮的设计，首重"高燥明爽"，其布置大致为两炉、两几、一架及茶器的安顿等。幽人韵士，左图右史，茗碗薰炉，一瓯春雪，茶烟隐隐起于山林竹外。花时则插花盈瓶，以集香气；闲时置蒲石于上，收朝露以清目。这一切，尽现了明人的高流隐逸、萧然尘外，以及品茶方式的至精至美。

万历年间，罗廪的《茶解》云："山堂夜坐，汲泉烹茗，至水火相战，俨听松涛，倾泻入杯，云光潋滟，此时幽趣，未易与俗人言者，其致可掬矣。"这段耳目一新的描述，在茶席中让我们首次恍然听到了山堂的松涛与风声，感受到了明月松间照的静寂，看到了茶汤里的波光粼粼、潋滟光影。今日不见古时月、旧时席，今月曾经照古人？

大致梳理完这段饮茶与茶席的发展历史，我们基本能够看出：茶席从唐代的华丽奔放，经过规范，到了宋代，一如茶器的变革，趋于沉静内敛、淡雅有味。粗犷的元朝消亡后进入明代，茶席的形制与审美，仍依稀可见宋代的影子，但却是渐行渐远。当瀹泡法成为饮茶的主流方式以后，茶器容量开始变小，尤其是工夫茶泡法在明末的崭露头角，明人的饮茶空间和瀹饮方式，已经发展到精致隽永、精益求精的阶段。清幽脱俗的美学空间、文人茶席，几乎达到了历史的顶峰。沉舟侧畔千帆过。历代过往的茶席规范，茶器审美，茶席氛围，茶席挂画，茶席插花，茶席焚香，茶席的借景与光影的渗透等，都为我们今天的茶席构思与设计，提供了至关重要的启发和借鉴。

# 当下饮茶，温润泡法

茶席简洁朴素，不急不躁，不疾不徐，茶汤会表现得细腻柔滑。

纵观中国饮茶的历史，起始不应晚于西汉。西汉王褒的《僮约》里，有"烹荼尽具""武阳买荼"的记载。中国最早的饮茶方式，可能来源于茶的食用或药用方法。即用茶的鲜叶或者干叶，煮成羹汤饮用。为了中和或减缓茶的苦味、寒性，在煮茶时，往往会佐以姜、桂、椒、茱萸等温热性食材。为了调节茶汤的味道，也会加入食盐、橘皮、薄荷等调味品。

陆羽《茶经》问世以后，奠定了煎茶道的基础。煎茶道的清饮，是从古老的煮茶模式演变而来的。在陆氏煎茶中，仅仅保留了用盐调味的传统方法。煎茶加入盐巴，无非是使末茶变得更绿、使茶汤变得鲜甜、抑制茶汤的苦味。在《茶经》六之饮中，有如下的记载："饮有粗茶、散茶、末茶、饼茶者。乃斫，乃熬，乃炀，乃舂，贮于瓶缶之中，以汤沃焉，谓之痷茶。"这段记载表明，类似我们今天未压饼、未碾细、条索状的散茶，是一直存在的，在唐代包括之前，称之为粗茶或者散茶。另外也要注意，唐代的末茶，是单独存在或者是单独作为一类茶来定义的。陆羽还讲，用沸水直接泡茶，而不去煎茶，谓之痷茶。痷茶，是用大腹紧口的陶器来泡茶。由于唐代茶的加工，还没有诞生揉捻工艺，因此以沸水直接冲泡茶，不但滋味淡薄，而且欣赏不到汤花沫饽，这恐怕是陆羽反对痷茶的根本原因。于此能够窥见，我们今天流行的茶的冲泡方式，在唐代也是同样存在的，此法可能仅仅存在于中下层的劳苦大众之间，而少有文字记载而已。南宋陆游在《安国院试茶》诗后注云："日铸则越茶矣，不团不饼，而曰炒青，曰苍鹰爪，则撮泡矣。"可见，瀹泡法即撮泡法，它源自上古，历经唐宋，到了明代，仅仅是随着散茶的解放，发扬

光大了而已，并非起源于明代。

宋代承接了唐代的饮茶之风，而日渐兴盛，形成了唐之后的又一个茶文化高峰。宋代的点茶道，由皇室带动并开始流行，一直延续、影响到元代和明代以降。我们再来读读晋代杜育《荈赋》里的只言片语："惟兹初成，沫沉华浮，焕如积雪，晔若春敷。"陆羽在《茶经》里，重点引用了这段文字，他意图在强调和说明什么呢？杜育记载的雪白美丽的汤花，真的是煎茶可以形成的吗？如若不是，那一定是在点茶时，借助了专用工具，经强烈搅拌后，才可能会形成的如此景象。我们基于这一点，大致可以推断出，在晋代，点茶法可能已经存在了。北魏贾思勰的《齐民要术》，在以茶汤作比喻、解释白醪的制作方法时，明确提到了末茶的搅拌工具"竹扫"，其功用类似于宋代点茶的工具"茶筅"。据贾思勰记载："着瓮中，以竹扫冲之，如茗浡。"浡，陆羽《茶经》有记："沫浡，汤之华也。华之薄者曰沫，厚者曰浡，轻细者曰花。"通过以上资料，我们是否可以认为：煮茶、煎茶、点茶、瀹茶等诸多饮茶方式，它们并不是孤立地存在于某个朝代，它们有可能一直是平行、并列存在的，或是其中的数种共存并向前发展的。

明代朱元璋废掉了团茶，促进了散茶的发展和普及。除了蒸青绿茶之外，炒青绿茶、烘青绿茶和晒青绿茶，也同步得到了迅猛的发展。随着制茶的揉捻工艺的不断成熟，在条索状的散茶开始普及之后，瀹茶法便水到渠成，自然成为了明代以降饮茶的主流方式。明代田艺蘅的《煮泉小品》，赞美了瀹茶的自然天成、一派清新。他说："生晒茶瀹之瓯中，则旗枪舒畅，清翠鲜明，尤为可爱。"陈师的《茶考》亦记："杭俗，烹茶用细茗置茶瓯，以沸汤点之，名为撮泡。"撮泡法，就是我们现在茶饮的瀹泡法、冲泡法。

当下茶席的泡茶方式，我们常采用茶的温润泡法。所谓温润泡法，即是注水、出汤和缓，借用一方轻便得体的壶承，取代了过去笨重粗大的茶盘，并同时取消了工夫茶中淋壶追热的环节，这类简洁、流畅、节能、健康的泡茶方法，我们称之为茶的温润泡法。茶的温润泡法，即先置茶于壶（盖碗）内，在向壶（盖碗）内注水时，手法要温柔轻缓，水流匀细，定点注水。对于香高的茶，注水点要尽可能低，且水流不可猛烈地去冲击茶叶。注水完毕后，视个人对茶汤浓淡的承受能力，开始出汤并注入匀杯里，其后，再均匀地分至品茗杯内，待茶汤温度低于60℃时品饮方好。这个美好的泡茶、分汤过程，从冈仓天心的《茶之书》中，可以窥见一斑："盖日常生活的庸碌平凡里，也存在着美好——对这种美感的仰慕，就是茶道茁生的缘由。在纯粹洁净中有着和谐融洽，以及主人与宾客礼尚往来的微妙交流，还有依循社会规范行止进退，而油然生出的浪漫主义情怀，这些都是茶道的无言教诲。本质上，茶道是一种对残缺的崇拜，是在我们都明

白不可能完美的生命中，为了成就某种可能的完美，所进行的温柔试探。"泡茶，看汤出汤，真的是一种不断的温柔的试探。

茶席的温润泡法，兼顾了饮茶的健康，充满了人文关怀。由此可见，传统工夫茶泡法的淋壶追热，就变得有些累赘，既浪费珍贵的水与热能，也属于多此一举。因为水温太高，尽管会稍稍提高茶汤的香气，但却容易烫伤口腔、食道粘膜而不宜入口，这于茶、于健康又有多少意义呢？

温润泡法，窃以为是温情脉脉、举止优雅地以水润茶。依靠茶荷承载，用茶则把适量的干茶，轻轻地拨入茶壶（盖碗）内，然后轻柔地提起煮水器，缓缓平稳地定点注水。香高的茶，其注水的高度要尽可能低一些，以保持水温不被明显降低。苦涩较重的茶，可适当高冲，以适当降低水温。其注水点，可选择在茶壶（盖碗）出水口的对侧，或在四分之一圆周处。出汤后，要及时打开茶壶（盖碗）盖，以释放泡茶器内的部分蒸汽，并把盖子平稳地放在盖置上。若是香高的茶类，可迅速把盖子复位，以保持泡茶器内的温度不被明显降低。如果是用盖碗泡茶，建议每出汤两次，以盖碗的出水点为基准，可依次顺时针旋转90度，如此，出水点和注水点也相应地旋转了90度角。茶泡八水之后，香弱水薄，盖碗恰好旋转了一圈，这即是温润泡茶的秘密。当然，自始至终地选择一个注水点定点注水，也不失为一种沉静简洁的好习惯。

由于温润泡法的注水徐缓，因此，在泡茶的过程中，可以通过控制注水速度来随机把控前四水的出汤，尽量看汤出汤，随进随出，使茶汤浓度保持得恰恰好。而后四水的出汤时间，可适当通过减细水流，以延长注水的时间；也可在出汤时灵活延缓出汤的速度，以增加茶在水中的溶解度。一盏茶在瀹泡时表现得是否五味调和、淋漓尽致，主要取决于茶汤的滋味与香气，而滋味的是否调和，与浓度有关；香气的高低，与水温有关。掌控好影响茶汤溶解度与香气的诸多变量，就算是抓住了泡茶的本质。要想准确、恰当地泡好一杯茶，还需要通过多练习，吃透这类茶的特性，然后再用心去探寻投茶量、水温和出汤时间，寻找三者达成的短暂而协调的最佳平衡点，足矣。

温润泡法，着重突出一个"泡"字。"泡"从字形上分析，即是以水包茶。按此泡法，一只手持煮水器，缓缓注水；另一只手徐徐出汤。仪态从容，不急不躁，不疾不徐，茶汤的每一水之间，自会表现得落差细微、细腻柔滑。另外，温润泡法对水温的把控比较容易，可通过出水的快慢、注水的高低、水流的粗细等手法，去有的放矢地调节与控制。

# 基本茶席，贴心设计

茶席的简洁朴素，是理性的删繁就简，是心态宁静的表现，是繁杂之后的疏朗。

## 基本茶席，道涵章法

一个基本茶席的元素构成，主要包括：煮水器、泡茶器、匀杯、茶杯、茶仓、滓方、茶荷、茶则、壶承、茶托、洁方、席布、插花器等。

如果严谨地去深究，茶具和茶器并不是一个概念。陆羽在《茶经·四之器》中，把炙茶、碾茶、煮茶、饮茶、贮茶等，凡是对茶的品鉴有育化、有改善、带有精神属性的茶具，全部定义为茶器。其他如采茶、制茶类的工具，定义为茶具。器以载道。与茶具相比，茶器已再不是单纯的泡茶器具，它具备了精神追求和审美情趣，蕴藏了更多更深层次的文化内涵。

《周易》云："形而上者谓之道，形而下者谓之器。"茶席上的茶器，立象以尽意，通过直观、可赏、可感的茶器，由器入道，便衍生了有规矩、有章法的茶道。道由器传。看似无形的茶

道，是通过有形的茶器及其育化的茶汤，来表达和实现的。究其本质，器的核心或存在的逻辑是"礼"，"礼之用，和为贵。"因此，"和"便成了中国茶道的核心精神。神乎其技，由艺而器入道，必须是道器并重，术法相乘。以器兴道，指的是茶席的规范和传播，对茶道的发展具有巨大的诠释和推动作用。

一阴一阳之谓道。一个道由器传的成功茶席，不仅包含着阴阳和四时的变化，而且有开有合，有规有矩，善始善终，有布局也要有章法，对立中存在着统一性。

茶席的布局，讲究动静结合，疏密有致，顾盼呼应，知白守黑。茶席构成的不变性，一方面，主要是指由泡茶器和匀杯构成的泡茶区，它位于席主的右前方（以基本的左手席为例），且匀杯始终处在泡茶器的外上位置，二者呈45度左右的夹角。另一方面，是指主要由茶杯排列组合构成的品茗区，它在濒临嘉宾的方便位置，与泡茶区域顾盼呼应着。在茶席的构架中，除了泡茶区和品茶区的相对不变之外，其他的茶器，在茶席上可以随意安置，但要符合其指导原则。首先，要不影响泡茶与分茶的便利性。其次，茶器安放的位置，要协调美观，要符合阴阳的和合，能使茶席锦上添花，使之布局更合理，更有画面感。茶席的不变性设置，是为了让泡茶人（以下简称席主）能够更省力、更便捷地去泡茶，从根本上讲，这主要是由人体的工学原理决定的。一个有创意有思想的茶席突破，往往要从可变的茶席区域，去琢磨、去探索、去构图的。

良好的开端，是成功的一半。一个好的茶席也是如此，应该有个良好的开局，可用可赏。完美的茶席，就像中国的传统插花一样，要能从前、后、左、右四个方向去赏去观，横看成岭侧成峰，远近高低各不同。四面风景的幽美各异，便对茶席开场的布局提出了要求。由于现代的茶席，从整体上看是横向的，因此，茶器轮廓的选择，应尽可能选择呈现竖向的，使之层次分明、错落有致。尤其要注重在视觉上呈现竖向的茶杯，其形态、线条、厚薄、色调的选择，容易实现在某一方向上的有序、重复排列。从美学上讲，有规律的间隔重复，就会产生悦目赏心的节奏

感和韵律美。茶杯通过不断重复产生的这种形式之美，在茶席的设计中，一定要充分理解和灵活运用，这关乎着茶席设计的全局。因此，在一个茶席的开幕之初，茶杯有序组合的华丽登场，一定是呈现整体划一的紧密配合，以袅袅娜娜的韵律美、音乐美呈现的。

物物皆非苟设，事事俱有深情 。茶席上的茶杯，在开局时排列紧凑整齐，既是形式美的需要，也便于席主就近分茶。茶会开始后，茶杯可以根据客人的需要，适当地分开一些距离，体现着席主对嘉宾的贴心关怀。但是作为嘉宾，也应当自觉地去维护茶席的形式美，就像我们在各自的工作中，或在列席重要的会议时，对队列、着装、坐姿的自觉要求一样。看似无关紧要的平凡之举，却微妙地透露着个人的素质和涵养。在您主动品完一杯茶后，要把茶杯重新放回到茶托内，同时，还要照应一下左右客人的茶杯排列，使之尽可能整齐有序，不要过于凌乱。细节虽小，也可处处体现出茶人的修养与彼此的关心、体谅。位于茶席的左右两侧、距席主较远的嘉宾，在取放自己的品茗杯时，除了自觉照应、主动对齐茶杯之外，还要尽量把自己的茶杯，自觉传递到席主可以舒适分茶的距离以内。茶席的美与和谐，来自于宾主的热情互动以及彼此的尊重关怀。

## 人体工学，规圆矩方

茶席，是一个涵盖了人、茶、器、物、境的美学空间。在这个有限的空间里，席主作为悦己娱人的活动主体，在煎水、泡茶、分茶、品茶、造境的过程中，既需要身体力行，付出辛劳，又需要营造出无限的美的意象。但是，人的自身活动范围，又不是无限自由的，它会受到自己身体结构的某些局限。那么，如何达到在有限的空间里，实现人、茶、器、物、环境等各要素的最佳配合呢？这就需要借助人体工程学的基本原理，对茶席的结

构、空间的活动范围、人的健康舒适性以及经济高效等方面，进行必要的研究和探讨。

研究者发现：人体坐在不同高度的凳子上，会感受到舒适度的不同。当坐高为40厘米时，人体的活动度最高，即疲劳感最强；若是稍高或稍低于此数值者，其活动度会下降，而舒适度也会随之增大。汉宝德与林语堂先生都一致认为：感官的愉快与美是分不开的。也就是说，当身体不舒适时，是无法真正用身心去体会和感受美的。喝茶属于慢节奏的生活方式，茶席上的泡茶人、品茶人，都需要把身心安顿下来，在散淡悠闲中去静参茶的滋味、香气和韵味。长时间久坐，自然需要一个不易疲劳、令人舒适愉悦的合理高度。茶席要求的这个理想高度，根据个体身高的差异与测算表明：只要坐高稍大于40厘米，或者坐高在33厘米至37厘米之间，茶桌的台下空间深度不小于60厘米，都是合理且不易让人疲劳的。

席主在泡茶时，坐姿要优雅端庄、自然松弛；上身挺拔，肩部放松，双腿并拢，脚踏大地，保持膝关节呈90度，躯干与大腿的夹角，最佳也为90度左右，此时的腰椎承力相对较小。面带微笑，双眼微微俯视，身心安定平稳。由于泡茶和分茶活动，是一个上肢的综合运动过程，因此，需要肩关节、肘关节、腕关节、手指关节的密切配合，动作协调柔和、平稳精准。人体的上肢平均长度与肩宽，决定了泡茶人舒适端坐时，在水平方向的作业平

明末清初陈老莲的《高贤读书图》。

面上，向左或向右的最大移动轨迹各为50厘米左右，向前分茶伸展的最大活动半径是50厘米。人体自身的这种活动的局限性，在空间上，就基本决定了一个舒适、科学、合理、健康的基本茶席的平面大小。如果考虑到茶席上的每位客人，人均占有桌面的适宜宽度为60厘米左右时，那么一个基本的茶席设计，按照五人席（席主一位，客人四位）估算，这个茶席的平面长度最大应为240厘米，宽度不宜超过100厘米，茶案的高度应在80厘米以下。结合我们日常的泡茶经验与实际测算，一个理想的茶席平面，长度不宜大于200厘米，宽度不宜大于100厘米，对泡茶人来讲最为自然、舒适。为了营造品茶的祥和愉悦氛围，茶席的长度和宽度，都不宜太大或过小。因为从心理安全的角度分析，人与人之间熟识而又不疏远的安全距离为46厘米～70厘米。另外，品茶的案台宜稍矮一些，这既有利于俯视和欣赏茶汤，也会因人体上臂的自然下垂，使人体的肌肉处于放松状态，从而让人们在品茗时，感觉更加舒适自如。

茶席仪轨与基本流程的形成，也是基于人体的工学原理、长期的生活习惯形成的行为规律、传统的沿袭、时代的特征要求，以及泡茶分茶的方便性等诸多因素，逐渐融合和固化下来的。

喝茶是一种休闲惬意的生活方式，也是一种带有仪式感的文化活动。仪式感其实是对自身欲望的一种约束。我们反对形式大于内容的过度的仪式感，乃至繁文缛节、矫揉造作，过犹不及，这会使人容易忽略了品茗的本质。但是，适度的仪式感，也是非常必要的，它是一种文化的传承，是对庸常生活的不妥协。它能照亮我们无趣生活中的某些角落，使品茗之美在我们的精神深处得到固化，以之规范和滋养我们的生命。失去了具有文化内涵的仪式感，便缺失了很多品茗的美感。无规矩不成方圆。因此，一个科学合理的基本茶席，就需要兼顾到基本的礼仪、人体自身的条件、肌肉和关节的疲劳强度、动作的伸展与准确性等诸多要素，来合理确定茶席空间的基本尺寸，以及茶席尺寸与人体活动自由尺度的契合，使茶席的主人与客人，始终处于舒缓自在、随心坐忘的氛围之中，并且动作幅度最小，能量消耗最少，疲劳强度最低，从而在愉悦的状态中去体验、感受饮茶之美。

## 感官审美，少即是多

在茶席设计中，我一直强调"实用且美"的原则。规范合理的泡茶姿势，能够促进人们在生理上表现出最佳的状态，并能有效减少肌体劳损的产生。一个理想的茶席，首先要符合人体的工程力学原理，要实用省力，要平衡舒适。其次要有美感，能给人们带来眼、耳、鼻、舌、身、意的愉悦和享受。但是，这种美的存在，是要为茶席的实用性去服务的。因此，茶席的实用与美，二者非但不矛盾，更是不可分割的。

我们知道，审美的形成，是通过知觉（视觉、听觉、嗅觉、触觉、味觉）和认知（大脑的思维活动）形成的情绪感受。审美本质上属于交感反思，它是通过交感反思获得的反思愉悦。在茶席这个有限的美学空间中，美的感受即是知觉的综合。茶席的形

清代《胤禛妃行乐图》之桐荫品茶。

式美、外在美、色彩美；茶叶的外形美、茶汤之美；茶器之釉色
美、器形美、韵律美；茶席的光影、茶烟、花影、漏窗，等等，
都是通过视觉器官眼睛来实现的。茶席及其周边的风声、雨声、
鸟啼、琴韵、煮水声、炭火爆裂的噼噼啪啪声，注水分茶的流水
声，是通过听觉器官耳朵来感知的。茶的芬芳、周边环境里飘渺
的花香、新鲜的时空气息，是由嗅觉器官鼻子来完成的。茶器的
温度、茶器弧线的合手感、茶杯的唇感、茶汤的温度，是由皮肤
等触觉器官来完成的。茶汤的苦涩、酸辛、甘醇，五味调和，是
由味觉器官舌面的味蕾来判断的。茶席的意蕴和诗意的表达，则

是由"眼、耳、鼻、舌、身、意"的"意",即人的审美能力感知的。

由此可见,对茶、茶汤、茶意建立起来的品味与审美,是由知觉和认知在综合判断、平衡后形成的。既然茶是茶席的主角和灵魂,那么,茶席的设计一定是以彰显茶与茶汤为主,茶器再美也只能是众星捧月,不可喧宾夺主。基于形式美的茶器的使命,更重要的是为了去准确地表达和诠释茶与茶汤。

清代孔尚任说:"盖山川风土者,诗人性情之根柢也。得其云霞则灵,得其泉脉则秀,得其冈陵则厚,得其林莽烟火则健。凡人不为诗则已,若为之,必有一得焉。"生于斯而长于斯,孔尚任的这段话,把环境对人的不知不觉的日浸月淫、潜移默化,很准确地表达出来。茶境也是如此。茶席的形态、色调、声响、动静、味道和氛围,也在时时影响着人的审美感受,因此,人与茶也会相互浸染,自会变化其气质,积靡使然。这就要求在茶席的设计中,不但要蕴含烟云草木之清气,而且要多些秀于百卉的书卷气。还要关注环境对茶席可能造成的不良影响,这会直接消减茶席之美,深刻影响到品茗的感受与判断。如:噪声等对听觉的干扰;烟酒气息、饭菜味道、其他不良气味对空间气氛的污染等。另外,也要高度重视因茶席设置的元素过于凌乱、无序、色彩错综、比例失调等,可能对视觉造成的不利影响。

宜茶的环境,一定是清静幽美,温度适宜。因此,幽人雅士"或会于泉石之间，或处于松竹之下，或对皓月清风，或坐明窗静牖"。心手闲适，在精舍云林、松风竹月、轻阴微雨、绿藓苍苔的幽境里品茗，玩味的是一个"趣"字，因闲而赏，一赏而足。为的是静下心来，安然享受一盏茶的清芬和蕴藉，以及因茶而起的美的享受，也是为排遣世俗、欲望等，而获得感性的愉悦和审美的快乐。从本质上讲，茶饮之美是借助五官和身心，去体验和享受美的过程，使内有自得，外有所适。因此，我们接下来着重讨论茶席设计中的表现形式、环境因素等，对审美、对内心、对品茶可能产生的影响，会更有针对性和指导意义。

茶席的形式美，是基于人体行为规律的形式美，而不是仅仅基于视觉的形式美。老子在《道德经》里说"五色令人目盲，五音令人耳聋"，表述的就是知觉杂乱对内心可能造成的负面影响。茶席设计形式的简约疏旷，其妙处在于"以少总多"，以有限的茶器组合来呈现着无限的茶意。因此茶席的形式美、视觉美，要遵循人的行为规律和茶会的约定，要遵从简约明净和视觉极简的原则，尽量减少茶席上的多余器物、凌乱的色彩、浮夸矫情等因素。影响内心安定与视觉的因素越少，茶席就会越沉静和简素，茶的内蕴就会愈能得到彰显，人们在茶席上品茗的感觉与知觉，才能变得更加细微而敏锐。这对审美培养所需的内敛、精妙、玄远的感觉，是大有裨益的。

茶席的简，并不意味着茶器愈少愈好。少与简，削减到本

质，以不影响茶席的韵味和茶席的表达为佳。故庄子说："朴素而天下莫能与之争美。"茶席的简洁朴素，是理性的删繁就简，是繁杂之后的疏朗，是绚烂后的平淡，更是虚空之后对茶的真正接纳。

俱道适往，着手成春。茶席的设计，要做到极简又耐玩味，绝非一日之功，需要不懈的坚持和深入的学习，它是在深厚的美学素养上盛开的花，也是在技巧纯熟之后的"为道日损"里结出的果。

## 古为今用，推陈出新

茶席的发端和渊源，从西汉辞赋家王褒的《僮约》中，能够看出些端倪，当"舍中有客"时，就要"烹茶尽具"。从西晋杜育《荈赋》的"器择陶简，出自东隅"，"酌之以匏，取式公刘"，到之后唐代陆羽《茶经》的广泛传播，又经历了宋、元、明、清，以至当今，由于茶席的存在，始终使日常的饮茶生活艺术化着，也在不断地艺术生活化，散发出隽永的审美情趣与文化韵味。但是，随着品茶方式的不断变化、茶类的革新、茶器的演化、人类行为方式的改变、地域的不同等，茶席的发展和审美，也在不断地古为今用，不断地推陈出新。

反观中国的饮茶史，也是一个不断地删繁就简、剔除欲念、

五代 邢窑白釉风炉、茶釜，
河北唐县出土。

关注健康、渐次回归日常生活和内心体验的历程。当代茶席，是
泡茶和品茶行为与当下实际相结合形成的符合传统、贴近生活、
具有旺盛生命力的美的行为方式与仪轨。因此，茶席的设计，既
不能脱离传统，也必须符合现代人的行为规律。借由茶与茶席，
营造日常的居家生活之美，使自己的生活诗意化着，力求"过目
之物尽是图画，入耳之声无非诗料"，以此抵御世事的纷扰，抗
拒世俗的无聊。

　　茶席的与古为新，首先要解决好茶席的座次礼仪，这也是茶
会面临的重要问题。那么，如何来界定茶席上主宾的位置？如何

明代仇英《临宋人画册》。

安排好主宾和辅宾的座次呢？据贵为儒家五经之一的《礼记》记载：主宾，也就是最尊贵的客人，要坐于西北的位置，主人要坐在东南的位置上。这是因为古代的宴会礼仪，座次之礼要遵守天地四时之象，以成宾主义气温厚之仁德。从自然界的气候条件来看，天地的严凝之气，始于西南，而盛于西北，所以古人认为：西北方向，代表的是尊严之气。而东南方向，代表的是温暖宽厚之气。这就是在传统礼仪中，把主宾安排在西北位置的主要原因。主人待人以仁，热情周到，故坐于东南方向。

当今酒宴的座次安排，假如是在坐北朝南的正屋，主人要坐在室内的正北方向，面朝南方，主宾则落座在酒宴的西北方，即主人的右手一侧，这是符合传统的礼仪要求的。把主宾安排在主人的右侧，既便于主人为主宾敬酒、让菜，又能方便贴心地近距离交流等。主宾位于主人的右侧，这与大多数人的右手比左手灵活、右手使用较多等因素有关。从中也能看出，传统礼仪的形成规律，根本上还是受到人们的行为习惯制约的。

今天的茶席，宾主应该如何安排才会更合理呢？个人认为：对大多数的席主而言，主宾应安排在席主的对面、且在右手侧最方便分茶的第一个位置为恰当（以左手茶席为例）。因为，主宾落座的这个位置，不仅是席主右手可以顺手分茶的第一个位置，也是最方便敬茶的位置，而且在品茶的过程中，宾主双方在此位置的眼神和言语交流，最为亲近自然。

茶席器具的发展与革新，例如：在唐代之前，根据考古成果证实，最早可以确认的茶器为陶制的缶，即陆羽《茶经》记载的"以汤沃焉"的痷茶用具。这种小口大肚的陶器，在当时既可作为茶器，又是酒器和食具，一直延续到西汉也没有专门的茶器出现，基本是喝茶、喝酒、吃饭三者混合共用的器皿，三者之间并没有太过严格的区分和界限。待唐代陆羽的《茶经》问世之后，

独家设计的藕荷色盖碗，细腻雅致。

茶器釉水如玉、温润以泽的美学标准，
始终没有改变过。

形制完备、配套齐全的专用茶器，才得以确立和发展完善。从唐代的煎茶、宋代的点茶，到明代的瀹茶，随着饮茶技术的进步和发展，带来了饮茶方式的鼎新，从而引起了茶器从器型、釉水、色泽、材质、审美等的翻天覆地的变化。

　　当今的茶类比过去更为丰富，茶汤的变化亦是缤纷多彩。单以茶杯的釉色而言，从唐代的"青则益茶"，到宋代的"盏色贵青黑"，发展到明代以降的"盏以雪白色为上"。明代屠隆认为，茶盏"莹白如玉，可试茶色，最为要用"，一语道出了茶器釉色对茶与茶汤色泽的本质表达和实用标准。茶器也开始"以小为佳"。其实，自唐代中期以后，以小为美，已逐渐成为美学趣味的主流。于小处见精微、见神采、见雅致，最能代表明代以降文人的审美与情趣。尽管茶席、茶器、茶汤的审美，随着时代的发展仍然不停地在变，但是，茶与茶器温润如玉、温润以泽的美学标准，却始终没有改变过，深刻地体现着茶与茶席美学的古为今用和文化传承。

## 左手茶席，右手出汤

由左手完成注水的茶席，以下简称为左手席。左手席，是指用左手持煮水器，完成注水动作；由右手完成出汤后，右手持匀杯，先从界定的主宾位置（一般在身体中线的右侧），由左向右酌分茶汤（茶汤，以下简称汤）。当从辅宾位置由右向左分汤时，要提前在身体中线的前方，把匀杯由右手手持，交错换手到左手手持。匀杯换手动作完成后，改由左手，由右向左依次分汤。当左手分汤完毕，再由左手把匀杯交换到右手，由右手把匀杯再次放回到原来的位置。整个分汤过程，要一气呵成，动作尽量轻柔优美，宛转玲珑。简单地讲：由左手手持煮水器，向泡茶器内完成的泡茶注水动作，这个茶席，称之为左手席。反之，由

左手
茶席

左手茶席
五人基本席布局

煮水器 ————

泡茶器 ————
壶承 ————
勺杯 ————
盖置 ————

洁方 ————
茶荷 ————
茶则 ————

则置 ————

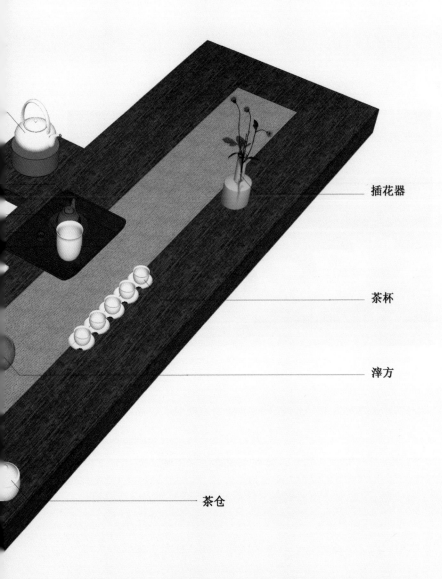

插花器

茶杯

淬方

茶仓

右手手持煮水器，完成的泡茶注水动作，就是右手席。左手席和右手席的命名原则，从根本上讲，是为了语言表述的方便及由个人的表达习惯而定，并非一成而不可变。即以哪（左或右）只手为主，来完成向泡茶器内的注水动作，这个席就是左或右手席。

左手席的设计原则：首先，左手持煮水器完成注水动作。因煮水器较重，大部分人的右手又比较灵活，在左手完成注水动作之后，为了保证身体的均衡和体力的合理分配，本着保护左右肩关节的健康，泡茶器的出汤和匀杯的分茶，就需要全部依靠右手来完成。其次，泡茶出汤、分茶至茶杯的运行轨迹，既不允许越过身体的中线，也最好不要出现任何动作的交叉，且泡茶、分茶的路线，更不允许双臂及手腕跨越茶席上的任何器具。这都是基于健康泡茶和器具安全的要求而定。

左手席的设计原则，决定了茶席上匀杯的最佳摆放位置，是在与泡茶器呈45度角的右外上侧。在分茶、左右手交替、匀杯换手的过程中，左右手的分茶轨迹，应该是舒适自然的圆弧线，节奏舒缓，似行云流水，当行则行，当止则止。这些行茶的奥秘，与太极拳的云手动作有异曲同工之妙。如此泡茶、分茶，既有利于维护两臂关节、肌肉、筋脉的健康，改善微循环，舒展松弛，不易疲劳，又能气沉丹田，积聚能量，有利于茶汤滋味和能量的改善。

匀杯在左右手里的旋转换手，流畅圆润，暗合了道家太极图的意象，深具阴阳变化的自然而然之妙。茶席上的任何器物，都是富有生命的，为之注入情感和心血的任何一个细节，都会使茶席充满关怀与美好。从美学上来分析行茶的轨迹，直线作为一种非常单纯的元素，缺少装饰性，虽然干练简洁，但从视觉上审视，会显得过于直接和单薄，缺乏饱满度与灵动感。如果说直线诉诸的是理性，那么曲线诉诸的就是感性。泡茶与品茗，本是"得与幽人言"，是偏于感性的闲情逸事，因此，弧线分茶的运动轨迹，要比直线轻快、舒缓、柔美很多。这些看似不经意的细微表达，容易形成视觉的多样性，势必会影响到品茶人的内心感受，从而也能彰显出席主的温婉可人、审美修养。

　　在左手席上，由于席主是先用右手分茶，因此，主宾应安坐在席主对面的右手侧，并且是最先开始分茶的位置。辅宾宜安排在席主对面的左手侧，在匀杯由右手更换到左手后、最先开始分茶的位置。左手席的插花清供，一般会安置于茶席的左侧。为保证茶席布局的均衡之美，体积稍大的滓方，便会放置在茶席右侧的合理位置，以干扰不到分茶的轨迹为宜。

## 右手茶席，异曲同工

利用右手注水泡茶的茶席，简称右手席。右手席，是指右手手持煮水器，完成注水，由左手分汤后，左手持匀杯，先从主宾位开始，由右向左分茶。其后在身体中线前，两手相错换手匀杯后，再用右手持匀杯，由左向右分茶的茶席。

右手席针对的是左手活动比较精准、比较灵活的少数人群。右手持煮水器，左手泡茶分汤，以体现左、右手分工的协调平衡。右手席的主宾位置，可以安排在席主最先开始分茶的左前方。若是兼顾到大多数人的传统习惯和社交礼仪感受，对主宾的安排，也可与左手席雷同。此时的分茶顺序，可以先分左侧，也可以在换手后先分右侧，届时视具体情况灵活应变。

从茶席设计的安排可以看出，特殊状况下的主宾和辅宾位置，不是固定不变的，而是可以灵活应对的。主宾和辅宾位置的确定，还是要依据席主的分茶习惯来确定，哪个位置最利于照顾好主宾，哪个位置能最方便地分出第一杯茶，那个位置便可以确定为是主宾的落座位置。辅宾的位置，始终与主宾的位置相邻。

右手席的插花清供，最佳的位置应是在茶席的右侧。茶则一般会放置在茶荷的外侧，这点和左手席的设计基本一样。

无论是左手席，还是右手席，完成冲泡和分茶的每一个动作，需要干净利索，落落大方，不允许有过多的修饰华而不实，

右手
茶席

右手

右手茶席
五人基本席布局

茶则
茶荷

洁方

则置

勺杯
盖置
泡茶器
壶承

煮水器

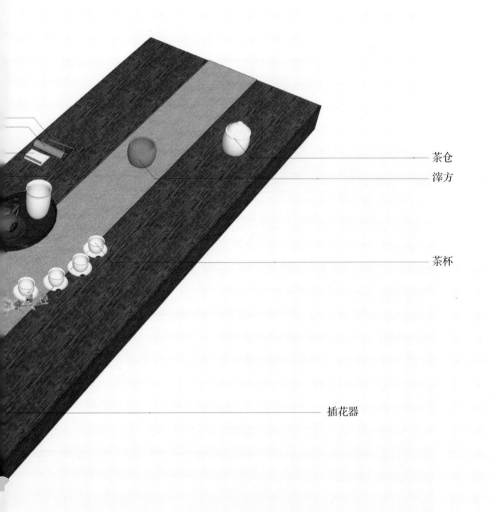

茶仓

滓方

茶杯

插花器

并且任何一个动作行为，不允许跨越茶席上的任何一件茶器，这也是检验一个符合人体工学的科学的、合理的、健康的茶席的唯一标准。如此，既可以最大限度地保护好茶席上的每一件茶器，能够使席主平心静气地泡茶、分茶，也不必担忧偶因动作幅度过大，会碰翻茶器而胆战心惊，从而变得畏手畏脚、小心翼翼，又可使行茶轨迹有去有来、协调流畅。

# 茶席构成，阴阳和合

一个道由器传的成功茶席，不仅包含着阴阳和四时的变化，而且有开有合，有规有矩，善始善终。

## 煮茶炉，苦节君子

煮茶炉，是在茶席的高低、横向、纵向三个维度上，形成错落有致空间结构的重要元素。现代常见的煎茶、煮水炉，有金属的风炉、陶泥炉、电炉、酒精炉等。

人类大约在新石器时代的仰韶文化时期，就学会了利用灶坑法储存火种。之后为了火种的携带、移动，便发明了类似筒状陶罐结构的火种器，这便是最早的火炉的雏形。

唐代以前，煮茶、煎水可以用火炉，也可以不用火炉，直接使用茶鼎，以火烧其鼎腹即可。魏晋左思《娇女诗》有"吹嘘对鼎䥶"。这类鼎，多为圆形的三足两耳的折脚鼎。唐代，皎然有茶诗："越人遗我剡溪茗，采得金芽爨金鼎。"李商隐亦有："小鼎煎茶面曲池，白须道士竹间棋。"宋代，苏轼有诗："常支折脚鼎，自煮花蔓菁。"杨万里也有："老夫平生爱煮茗，十

年烧阱折脚鼎。"其实，杨万里在《谢傅尚书送茶》一文中，对茶鼎的用法已经写得较为明确。他说："远饷新茗，当自携大瓢，走汲溪泉，束涧底之散薪，燃折脚之石鼎，烹玉尘，啜香乳，以享天上故人之惠。"鍑同釜，茶鼎和茶鍑的区别，在于鍑圆底无足，它必须借助炉灶或依靠其他物体支撑才能使用。简单地讲，鍑是无足的鼎或鬲。

茶铛，在唐代出现得较多。皎然有诗："投铛涌作沫，著碗聚生花。"吕洞宾亦有："一粒粟中藏世界，二升铛内煮山川。"茶鼎和茶铛的外形近似，都是古代三足两耳的传统烹饪器具。但在有的时候，也会鼎铛不分。北宋王安石诗云："肺腑鼎铛煎。"茶铛与茶鼎的唯一区别，在于茶铛带一横柄，方便席地而坐，煎茶温酒时取用。

唐代以降，煮茶煎水的火炉通称为茶灶。陆羽《茶经》把茶灶列为茶具，把风炉单列出来作为茶器，与铁镯配合使用。在唐代，与茶灶配合使用较多的，还有茶铫。唐代元稹有诗："铫煎黄蕊色，碗转曲尘花。"《新唐书·陆龟蒙传》里记载：陆龟蒙居住在松江甫里时，不喜与流俗交往，虽造门也不肯见，不乘马，整日以蓬船为席，携带束书、茶灶，与高朋往来。唐代陈陶的《题紫竹诗》中写道："幽香入茶灶，静翠直棋局。"南宋杨万里的《压波堂赋》诗，也有"笔床茶灶，瓦盆藤尊"之句。

古往今来，茶灶中的竹泥火炉，一直在茶席上备受青睐。竹炉是在泥炉的四周，用竹编装饰的煮水茶炉。竹与茶，都是世间清物，二者最为相宜。纵观历史，历代嗜茶的文人，对竹都抱有一种特殊的情感。唐代柳宗元有《苦竹桥》诗："进箨分苦节，轻筠抱虚心。"竹子因中空有节，其性坚韧，虽弯不折，经冬不凋，四季常青，因此，明代文人便赋竹炉以人格化，称竹炉为"苦节君"，谓其虽受火焰烤炙，仍以素有真心节操而能自守，故名。

苦节君之名，最早见于明代高濂的《遵生八笺》。其上卷之

明代王问的《煮茶图》局部，竹炉清晰可见。

茶泉论中，提到了茶具十六器，于此详尽地罗列了明代的茶具，其中的总贮茶器七具之一，就有苦节君，并释文为：煮茶竹炉也，用以煎茶。高濂在记载中，明确指出了苦节君的用途，即是煮水煮茶的炉子。竹茶炉在文人的心目中，是很有分量的，也是高雅不俗、节操清苦的君子象征。清代陆廷灿的《续茶经》中，对苦节君进行了更为形象的描绘，其铭曰："肖形天地，匪冶匪陶。心存活火，声带湘涛。一滴甘露，涤我诗肠。清风两腋，洞然八荒。"

其实，远在唐代的诗文中，就可以窥见竹炉的影子。杜甫有诗："简易高人意，匡床竹火炉。"而明确的竹茶炉之名，却是见之于宋代。杜耒的《寒夜》诗有："寒夜客来茶当酒，竹炉汤沸火初红。"南宋时，罗大经也有诗："松风桧雨到来初，急引铜瓶离竹炉。待得声闻俱寂后，一瓯春雪胜醍醐。"宋代贵族、文人的饮茶方式，还是以点茶为主，诗词中的竹炉上，煮的不是茶，而是用以点茶的沸水。

明代最有名的竹茶炉，当数无锡惠山听松庵的竹炉。惠山多清泉，历史上就有"九龙十三泉"之说。唐代陆羽在《茶经》里，已把无锡的惠山泉列为天下第二泉。宋代的苏东坡曾两次游览无锡，品鉴惠山泉水，留下了"独携天上小团月，来试人间第二泉"的千古绝唱。据《无锡金匮县志》记载："明洪武二十八年（1395），惠山寺听松庵高僧性海，请湖州竹工编制了一个竹炉，做成天圆地方的形状，竹炉高不过一尺，外面用竹编织，里面为陶土，炉心装铜栅，上罩铜垫圈，炉口护以铜套，用以烹泉煮茶。性海以竹炉煮二泉水，瀹茶招待文人至交，一时成为雅事美谈。性海又邀画家王绂为其作画《竹炉煮茶图》，并题诗云：'寒斋夜不眠，瀹茗坐炉边。活火煨山栗，敲冰汲涧泉。瓦铛翻白云，竹牖出青烟。一啜肺生腑，俄警骨已仙。'同时请大学士王达，撰写了《竹炉记》。又请当时的文人名士题跋，装帧成了《竹炉图咏》。"竹茶炉随着王绂《竹炉图咏》的传播而声誉大增，惹得明清两代的文人雅士，纷纷来游惠山听松庵，留下了大量的诗词书画作品，而成为一段文坛佳话。

　　到了清代，乾隆皇帝下江南，曾参拜著名的惠山寺，见到寺僧用惠山竹炉煮二泉水，瀹泡西湖龙井。亲身感受到竹炉煮茶清韵的乾隆皇帝，这次并未夺人所爱，他专门请皇家造办处的能工巧匠，仿制惠山竹茶炉，并写诗《仿惠山听松庵制竹茶炉成诗以咏之》记之："竹炉匪夏鼎，良工率能造。胡独称惠山，诗禅遗古调。腾声四百载，摩娑果精妙。陶土编细筊，规制偶仿效。水火坎离齐，方圆乾坤肖。讵慕齐其名，聊亦从事好。松风水月下，拟一安茶铫。独苦无多闲，隐被山僧笑。"乾隆仿制的竹茶

清代乾隆皇帝的竹茶炉。

明代仇英画卷中的鼎炉。

炉，至今还完好地收藏在北京故宫博物院内，同时，为了弥补明代王绂《竹炉煮茶图》遗失的遗憾，乾隆皇帝命董诰于1780年的仲春，复绘一幅《复竹炉煮茶图》，画面大概为：茂林修竹中，有茅屋数间，茅舍前的茶几上，摆设有竹炉和水瓮。并题诗："都篮惊喜补成图，寒具重体设野夫。试茗芳辰欣拟昔，听松韵事可能无。常依榆夹教龙护，一任茶烟避鹤雏。美具漫云难恰并，缀容尘墨愧纷吾。"

唐代陆羽《茶经》里记载的风炉，多以铜铁铸之，形如古鼎。炉内放置炭火，其上搭配煎茶的铁鍑。后世多有诗词吟咏茶鼎，例如："岩下才经昨夜雷，风炉瓦鼎一时来"，"茶鼎夜烹千古雪，花影晨动九天风"，又有"草堂幽事许谁分，石鼎茶烟隔户闻"。而唐代以后的茶鼎，多借代为风炉、茶镬、茶铛等。

晚来天欲雪，白居易的"红泥小火炉"，虽然煮的是"绿蚁新焙酒"，但是作为一个温暖的意象，一幅充满视觉美的生动画面，却让国人久久回味了千百年。知己一壶茶，小炉春意生，即使是在寒冬雪夜，又是多么令人心动怦然！

我喜欢用潮汕枫溪的红泥小火炉，配以砂铫煮茶。因砂铫有透气不透水的优异特性，尤其是在红泥炉里，燃烧橄榄炭煮水，煮出的水又叫榄炭水，明显绵软甘甜。我曾经做过一番比较，同样水质的水，同时用橄榄炭、竹炭、电热炉，分别在同一个砂铫里煮沸，沸水的甘甜和柔软度，依次是榄炭优于竹炭，竹炭优于电烧。"竹炉榄炭手亲煎"，"贵从活火发新泉"，用橄榄炭亲煎的榄炭水，是活火活水，最能益茶，倍添喝茶的韵致。

明人有《与客谈竹茶炉》诗："松下煎茶试竹炉，涛声隐隐起风湖。老僧妙思禅机外，烧尽山泉竹未枯。" 烧尽山泉，不但绕炉之竹未枯，而且愈发温润养眼，饶有弄茶玩味之趣。明代秦夔《听松庵茶炉记》说："炉以竹为之，崇俭素也。"这种简素之美，是对陆羽提出的"茶性俭"的传承与发挥。茶器寓雅兴，风致精巧的竹炉，或者是安置在紫竹凉炉架上的泥炉，都因与竹为伴、以竹为饰而清雅不俗，色泽沉静内敛，尤具文人情趣和文化蕴涵，是茶席上一道不可或缺的文气风景。

## 煮水器，腾波鼓浪

从唐代至今，饮茶方式的嬗变，带来煮水器的不断革新。煮水器的外形、大小、材质、功能的不同，在具体使用和茶席构架上，都会产生不同的感受和审美。

在以煮茶、煎茶为主流饮茶方式的唐代，结合唐代诗文和陆羽《茶经》来看，其主要的煮茶器，包括茶鍑、茶铛、茶铫、茶鼎等。因为唐代的煮茶器，在使用时多为敞口的，如《茶经》中陆羽使用的鍑，没有盖子，所以陆羽在煎茶时，观察烧水的沸腾状态比较醒目、直观。他在风炉上通过交床，架起茶鍑，从水方里舀水倒入，起火支烧，待鍑中的水"沸如鱼目、微有声"，即第一沸时，加入适量的盐花。待到"缘边如涌泉连珠"，即第二沸时，舀出一瓢水，放入熟盂内，以备止沸育华之用。此时，以竹夹搅拌茶鍑中的汤水，用茶则量茶末，投入鍑内煎煮。等到"势若奔涛溅沫"，将之前舀出的热水，重新倒回茶鍑中，等水面腾波鼓浪，即三沸时，便可用茶勺从鍑内舀出茶汤，酌入茶碗饮用。

据《茶经·九之略》记载："其煮器，若松间石上可坐，则具列废，用槁薪、鼎鑼之属，则风炉、灰承、炭挝、火笑、交床等废。"这说明，陆羽在野外喝茶时，也曾省去风炉，使用过鼎、鬲等茶器。但在室内煎茶，陆羽多用配套复杂的鍑煎茶，其中更多的原因，应归功于他对饮茶仪式感的尊重。在谈到煮茶器的材质时，陆羽认为最理想的应该是铁制品。因为在陆羽的认知里，铁器恒久耐用，质地又朴素易得，捡拾废弃不用的铁质耕具，就可回收制造。陶瓷与石制的煮茶器，都很雅致，但性非坚实，难可持久。当然，陆羽也承认银器最佳、最洁净，无铜臭铁腥，但银在当时属于贵重金属，相对于他所处的阶层和消费能力来讲，还是太过于侈丽了。于是陆羽强调道："雅则雅矣，洁则洁矣。若用之恒，而卒归于铁也。"对于此句的记载，有的《茶经》版本，则是"而卒归于银也"。个人以为，"卒归于银"是

北京石景山出土的金代壁画之《点茶图》。

对陆羽的原意的严重背离，同时也是对《茶经》前后文的误读所致。在谈到茶夹时，陆羽认为，采用竹制的，可"假其香洁以益茶味"，但是，"或用精铁熟铜之类，取其久也。"陆羽对于茶夹选材的这个观点，与煮茶器选用生铁，都是取其恒久的认知与判断。

宋代的煮水器，主要有茶铫、急须、汤瓶等。在唐代阎立本的《萧翼赚兰亭图》中，其煎茶的茶铫，就是有把有流、且把与流的夹角呈90度的器皿。苏轼《试院煎茶》诗有："且学公家作茗饮，砖炉石铫情相随。"北宋黄裳的《龙凤茶寄照觉禅师》诗云："寄向仙庐引飞瀑，一簇蝇声急须腹。"作者并自注云："急须，东南之茶器。"急须者，为应急之用故名。在唐代刘师服与侯喜的《石鼎联句》里，我们似乎也看到了急须的影子。其诗曰："直柄未当权，塞口且吞声。""大似烈士胆，圆如战马缨。""上比香炉尖，下与镜面平。""或讶短尾铫，又似无足铛。"在宋代点茶的过程中，用得较多的还是汤瓶。汤瓶是专门用于点茶的煮水、注水器物。在南宋著名画家刘松年的《斗茶图》中，清楚地描绘了汤瓶的形制，呈喇叭口状，高颈，溜肩，腹下渐收，肩部安装很长的曲流，这种款式，应是宋代汤瓶的真实写照。

汤瓶并非是瓶，它只是借助了瓶的形状故名。汤瓶从唐代发展到宋代，在兼顾实用和审美的双重标准下，开始容量减小，变得轻巧雅致。宋代蔡襄《茶录》里说："瓶要小者，易候汤，又点茶、注汤有准。黄金为上，人间以银铁或瓷石为之。"宋徽宗在《大观茶论》中指出："瓶宜金银。"因汤瓶口小，有其局限性，难以像唐代那样，能够观察到瓶中水沸的情况，因此，只能依靠细听水声噪动的变化，来判断水沸的具体程度。故蔡襄在《茶录》中感叹："况瓶中煮之，不可辨，故曰候汤最难。"南宋罗大经的《鹤林玉露》记载："茶经以鱼目、涌泉、连珠为煮水之节，然近世瀹茶，鲜以鼎镬，用瓶煮水，难以候视，则当以声辨一沸、二沸、三沸。"苏轼在《试院煎茶》诗里，曾经描写过听声辨水的一些细节。他写道："蟹眼已过鱼眼生，飕飕欲作松风鸣。"当听到类似松风的飕飕鸣响时，瓶里的水已近三沸状态，就可以熁盏点茶了。南宋李南金的《茶声》诗，则写得更为具体，其中的"砌虫唧唧万蝉催"，近乎唐代煎茶时、目视蟹眼、鱼眼的一沸；"忽有千车捆载来"，近乎《茶经》"缘边如涌泉连珠"的二沸；待到"听得松风并涧水"的三沸之时，就可以"急呼缥色绿瓷杯"了。尽管点茶时候汤最难，但"听汤响"，却成了宋人煎茶时的乐趣之一。黄庭坚曾有诗调侃道："曲几蒲团听煮汤，煎成车声绕羊肠。"

到了明代，随着条形散茶的流行和发展，使饮茶方式变得更加简约自然。唐代煮茶的镀和宋代点茶的汤瓶，逐渐被精巧简洁的陶器、银器和锡器取代。张源的《茶录》记载："桑苎翁煮茶

瓶宜金银，
铁包银的技艺，
已不多见。
如锦衣夜行，
低调朴素的奢华。

用银瓢，谓过于奢侈。后用瓷器，又不能持久。卒归于银。愚意银者宜贮朱楼华屋，若山斋茅舍，惟用锡瓢，亦无损于香、色、味也。但铜铁忌之。"文中的桑苎翁，是陆羽的别号。由此看来，从唐至明，银器作为至洁而不损茶味的最佳煎茶器、煮水器和泡茶器，一直受到贵族和文人的认可与重视。

清代至今，银壶、铜壶、铁壶、砂铫、紫砂壶、不锈钢壶、玻璃壶等，不同材质的壶，层出不穷。在银器已走入寻常百姓家的今天，在煮水泡茶时，我崇尚首选银壶。首先，银器洁白体

专门为当下煮茶
设计的银壶。

轻，使用久了，其包浆会泛着耐看的玫瑰红色，如红颜知己，伴久爱愈甚。其次银能抑菌，不类"铜臭铁腥"，银器煎水没有任何的异味，并且由于银导热快，能使水沸腾迅速，且有活水效应。因此，银壶煮出的水，甘甜柔软。明代许次纾在《茶疏》中这样强调："茶注以不受他气者为良，故首银次锡。"

铁壶的外形古朴厚重，近几年，受到很多习茶人的追捧。早期的旧铁壶，因于冶金技术和铁砂的局限，使铁质内保留了较多的铁磁性氧化物，从而使早期的铸铁壶，具备了一定程度的水质软化效果。老铁壶在茶席上，确实能产生肃穆沉静的感觉，这一点，便是日本回流老铁壶的优势。但是，在铁壶的使用过程中，一定要保持壶内壁的洁净，不允许有铁锈存留。尤其要注意铁锈对水质的影响，以及对茶的香气、滋味与汤色的干扰。铁壶内壁红色的锈层，基本是三价铁为主的氧化物，绝对不会有二价铁的存在。二价铁具有还原性，也不会以二价铁离子的形态，游离在铁壶煮出的水或茶汤之中，所以铁壶煮水，并不具备补铁的疗效。

在城市自来水供应的国家规范中，合格水中的含铁量，不允许超过0.3mg/l，这点要引起爱好铁壶人士的高度注意。人体如果长期摄入过量的三价铁，可能会导致肝硬化、肿瘤等铁中毒病症。另外，茶中的多酚类物质，能与亚铁离子生成蓝色的络合物，影响茶汤的色泽；也能与三价铁离子生成不溶性的沉淀，影响着茶汤的色泽、厚度、滋味和通透性。从以上分析可以看出，铁壶不论是对人体的健康，还是对茶的审评，都没有太多的加分功效。至于很多爱好普洱茶的人，言称用铁壶煮水可以提高水温，更是没有任何道理。因为烧水能够达到沸腾的水温，和当地的大气压强有关，与烧水壶是什么材质，根本没有任何的关系。

小时候听戏，经常有"垒起七星灶，铜壶煮三江"的唱词。铜壶煮水泡茶，道出了中华民族传统养生的智慧。铜和银一样，对水都具有杀菌抑菌的作用。适量铜元素的摄入，不仅能促进人

体对铁的吸收，而且铜离子和茶多酚中儿茶素的反应，容易形成稳定的络合物，可抑制人体自由基的过度产生，从而提高多酚类物质的抗氧化能力，降低肿瘤的发生率，具有很重要的保健作用。

我常劝很多女性朋友，多用铜壶煮水煎茶。从某种意义上讲，人体的缺铁性贫血，是因为缺少铜的摄入。铁壶不能补铁，铜壶才是补铁、促进人体铁吸收的良药。一把摩挲日久的铜壶，包浆泛着含蓄低调的紫红色，可增加茶席上的安定祥瑞之气。

清代工夫茶的兴起，砂铫便借着"红泥小火炉"的诗意，在茶席上呈现出质朴素雅的味道。在潮州工夫茶里，小泥炉里烧着橄榄炭，砂铫滤烟益水生香，甘甜的十分榄炭水，可使八分之茶，达到十分的完美效果。砂铫有柄有流，线条流畅，在空间层次上，增加了茶席的错落与层次之美。

耐热的玻璃煮器，近年来因其方便实用，便以各种面目出现在茶席上。通透的玻璃器皿，如果盛以金黄油亮的茶汤，映照在茶席的变幻光影之中，"盛来有佳色，咽罢余芳气"，也会成为茶席上镂金铺翠、最楚楚动人的色彩。

## 泡茶器，大度注春

泡茶器，种类繁多，最常见的要数瓷茶壶、紫砂壶和盖碗。茶壶的原形，最早可追溯到三国两晋时期的鸡首壶。到了唐代，演变为短流的注子，又叫茗瓶。注子去掉横柄，加上壶把，就成为了注壶。唐代李匡乂的《资暇集》记载："（注子）乃去柄安系，若茗瓶而小异，目之曰偏提。"因此，注子在唐代又叫偏提。偏提的出现，意味着流口和把手呈180度角的宜茶宜酒的注壶改造成功。晚唐以后，随着点茶的流行，注壶的流管开始变长、流尖变小，执壶开始粉墨登场。元代，执壶的流管逐渐开始下移到腹部位置，利于更流畅地倾倒出壶内的液体，为执壶向泡茶器更好地过渡，创造了机遇。待到明代朱元璋废团改散，当撮泡法

南朝青釉鸡首壶。

唐代长沙窑茶瓶。

成为饮茶的主流方式以后，真正意义上的泡茶壶才开始问世。在泡茶壶没有诞生之前，撮泡法冲泡散茶，如明代陈师所载："杭俗烹茶，用细茗置茶瓯，以沸汤点之，名为撮泡。"撮泡，即以茶碗泡茶。

明代高濂的《遵生八笺》写道："注春：磁瓦壶也，用以注茶。"陶瓷茶壶，雅称注春，俗名冲罐。严格地讲，注春还是对注子的一种承袭。在潮汕工夫茶的传播中，紫砂壶又称苏罐。泡茶器可以方便地注水冲茶，茶器内春色正浓，从这个角度讲，泡茶亦是在酝酿春天，品茶人期待的，也正是属于自己的那份春深春浅。眼前春色为谁浓？心中有茶自春色。那丝丝啜苦后的咽甘，是沉寂的寒冬过后的春天，是爱茶人脸庞上的微笑舒展，是希望，是花开。茶总能给历尽苦难、沧桑中的人们，带来春天般的期望，是温暖，是慰藉。是忆苦思甜，是苦中作乐。

周高起的《阳羡茗壶系》说："茶至明代，不复碾屑和香药制团饼，此已远过古人。近百年中，壶黜银锡及闽豫瓷而尚宜兴陶，又近人远过前人处也。"饮茶发展到明代，豁然开朗，从水末交融的吃茶，发展到叶水分离的喝茶。在唐宋的茶汤里，一起喝下的还有茶叶的碎末，故称为"吃茶"非常贴切。因此，唐代赵州观音寺的高僧从谂禅师，才有了"吃茶去"的证悟和禅林法语。明代朱元璋废团改散之后，茶叶不再压饼、炙烤、碾碎，而是直接用沸水瀹泡，茶汤和茶叶在冲泡时便分离开来，喝茶方式开始趋于精致自由，以遂自然之性也。故明代文震亨《长物志》说："吾朝所尚又不同，其烹试之法，亦与前人异。然简便异常，天趣悉备，可谓尽茶之真味矣。"

明代，是继唐宋之后的第三个茶文化高峰。在这波澜壮阔的茶文化复兴中，金沙寺僧从普通窑器制作的沉淀泥浆中，抟其细土，加以澄炼，捏筑为胎，规而圆之，刳使中空，夹杂在其他日用陶器的空隙中，以划时代的意义，烧出了人类历史上第一把真正的紫砂壶。金沙寺僧影响了嘉靖年间的书僮供春，供春深悟其法，创制了著名的树瘿紫砂壶等款式。当时的紫砂壶，容量应在半升以上，多用于煮水、泡茶。其后，明代万历年间的时大彬，师承供春，仿照供春的款式，喜欢制作容量较大的紫砂壶。

明代时大彬壶，高62mm，口径98mm。

等他游历完苏州等地，受到像陈继儒等那样懂茶爱茶的文人熏陶、并悟透了茶理之后，其制壶风格为之一变，他把文人情趣渗透到壶艺里，开始制作真正适合文人泡茶的紫砂小壶。并且一改金沙寺僧和供春的"淘细土抟坯"，又在细土中混杂些石英砂颗粒，大彬壶便"不务妍媚而朴雅坚栗，妙不可思"，成为文人案头的把玩妙品，可生人闲远之思。明末四公子之一的陈贞慧，是江苏宜兴人，他在《秋园杂佩》里记载："时壶名远甚，即遐陬绝域犹知之。其制始于龚春，壶式古朴风雅，茗具中得幽野之趣者。""得幽野之趣"，陈贞慧一语道破了茶与紫砂壶的真正迷人之处。从上述可以看出，是陈继儒等文人首先影响了紫砂壶的审美，由大变小的"时壶"，才以其文雅质朴在美学上切合了文人雅士的幽雅情趣，发人幽思，令人爱不释手，从而奠定了紫砂壶在茶事活动中雅致的美学趣味。

明代的文人，在泉石竹下、僧寮道院、栖神物外、坐语道德中，清神出表，以泻清臆，对紫砂壶的形制和大小提出了很高的审美标准。周高起在《阳羡茗壶系》中说："壶供真茶，正在新泉活火，旋瀹旋啜，以尽色香味之蕴。故壶宜小不宜大，宜浅不宜深，壶盖宜盎不宜砥，汤力茗香，俾得团结氤氲。""壶经用久，涤拭日加，自发暗然之光，入手可鉴，此为书房雅供。"对于壶体外观，应该"上有银沙闪点"，"毂皱周身，珠粒隐隐，更自夺目。"周高起从紫砂壶的容量、结构、外在和审美上，提出了如何去选择一把适合自己瀹饮旋啜的真正的紫砂壶。冯可宾《岕茶笺》中的见解，更是独到。他说："茶壶以小为贵，每一客，壶一把，任其自斟自饮，方为得趣。何也？壶小则香不涣散，味不耽搁，况茶中香味，不先不后，只有一时。太早则未足，太迟则已过。的见得恰好，一泻而尽。化而裁之，存乎其人，施于他茶，亦无不可。"冯可宾讲得很客观，紫砂壶对爱茶之人，的确是以小为佳。特别是壁薄、致密的小壶，吸收的热量相对较少，茶汤得以保持较高的水温，故茶香较高。使用得心应手的小壶泡茶，比较容易控制好茶与水的比例，能够相对精确地判断出一壶茶的最佳出汤时间。若是出汤太早，则滋味寡淡；倘若太迟，则茶汤过浓、偏于苦涩。个中之妙，是熟谙茶性之后出汤的不先不后，这里的"不先不后，只有一时"，指的就是最佳的泡茶出汤平衡点，此时茶汤的色、香、味、形、韵，臻于最佳。从这个意义上讲，茶汤泡得是否可口、好喝，从本质上讲，就是一个茶汤浓度的控制问题。而香气的是否高扬，则是一个水温的高低差异。

在茶席的设计中，我偏好使用原矿朱泥的梨形壶。梨形壶始于五代，最早为酒器，因形状似梨而得名。朱泥梨形壶大小适当，壶体密度较高，既不夺茶之香，又无熟汤之气。并且梨形壶身姿曼妙，观感清秀飘逸，曲线简洁流畅，颇生"从来佳茗似佳人"的雅趣，更具大家闺秀的风致。在茶席的布置中，富有内在韵致的梨形壶，在高度上，不但形成了与品茗杯的俯仰生姿、错落有致，而且朱红梨皮、縠皱的视觉美以及如抚凝脂的触觉美，极易与茶席上其他茶器的色彩形成对比，相融而不违和，从而成为茶席的亮点。

朱泥梨形壶，胎骨均匀，不丰而秀，极简的线面和自然的流线，颇具元、明、清三代文人的潇洒逸趣。古代文人对紫砂壶的审美标准是："体小而趣，形神兼备，气韵生动。"这恰与朱泥梨形壶的审美不谋而合。据说惠孟臣和惠逸公造器之初，皆是爱朱泥梨皮的砂胎温润，壶形玲珑有致，大小适中，又最合把玩的趣性。这种把玩的属性，正好契合了文人清赏的价值取向，颇得文人趣味。以手中玩物回到内在世界，或放逐，或怡情，超越物

静清和款、原矿朱泥梨形壶，120ml。

以黄金为釉烧成的珍贵
的藕荷色盖碗。

质的形似，进而形成传神生动的美学趣味，这几乎也是文人玩壶
的终极目标，关乎宋、元以来，文人意识中对某种生命真实意义
的追寻。朱泥壶往往是茶器中、最能体现温暖和精巧的典型，这
种极简而又极美的红润娟秀，完全消除了多余的视觉累赘，达到
了实用美、视觉美和造型美的最佳平衡，消除了技艺与造物的对
立，因此以"手中无梨式，难以言茗事"，表达出历代文人们对
朱泥梨形壶的厚爱。

日本的民艺大师柳宗悦说："匠师不能为了造美而造美，最美的创作应该起于无心。"谈及茶道，他又说："唯有茶人的出现，才将杂器永远变成了美丽的茶器。"朱泥梨形壶的创造、盘养、把玩、欣赏，完全符合柳宗悦关于"用与美"的美学观点。此外，朱泥之美，穀皴之趣，富有层次变化。在质感上，在品茗盘养的不同阶段，或黯然或隐忍，或含蓄或温润，实在是意态可人、妙不可言。

在茶席上，除了茶壶之外，盖碗是最便于泡茶的利器。关于盖碗，我在《茶与茶器》一书中详细考证过。盖碗的出现，是在当散茶的瀹泡成为主流以后，以茶瓯加盖为标志的。从这个意义上讲，真正作为品茗器的盖碗的出现，不会早于元代。我们今天碗体呈现撇口的盖碗模样，是在盖碗从品茗器革新为泡茶器之后才具备的，其时间不会早于清末。今天的盖碗，有碗，有盖，有托。茶碗上大下小，盖可入碗内，以茶托承之，然后，逐渐被演绎为"三才碗"，它包含了"天为盖、地载之、人育之"的哲理。由于瓷器比陶器更为致密，吸水率为零，更利于准确地表达出茶的滋味与香气的变化。又因用盖碗泡茶出汤时，不像茶壶有流口，对出水的流量形成限制，其出汤的快慢和多少，可以做到快慢随机、无拘无束。所以，使用盖碗泡茶的最大优势，就是能够随心所欲地控制茶汤的浓度、厚度、滋味和香气变化，能够随心泡出自己所需与充分表达出自己风格的茶汤，淋漓尽致地挥洒出茶的真味、真香和气韵，这也是我们常常把盖碗称为"万能客观泡茶器"的主要原因。

## 匀杯，调和公道

匀杯，又称公道杯。公道杯作为茶器使用，大约是在清末前后，这一点从清末到民国期间，出口的诸多有把有流的公道杯存世，可见一斑。当然，彼时的公道杯可能多用于奶茶的调饮。中国历史上最早的公道杯，大概起源于宋代，并一直作为酒器使用，其结构与茶器也迥然相异。当下茶席上的公道杯，作为重要的茶器广泛使用，应该是20世纪70年代以后的事了。

公道杯的应用，一方面，避免了因泡茶出汤的先后而造成的浓度不均匀现象；另一方面，也委婉透露出，不论高官贵族，还是布衣百姓，在茶汤面前一律平等，都有权利品鉴、享受，既无尊卑贵贱，也无厚此薄彼。如杜牧诗中的寓意："公道世间唯白发，贵人头上不曾饶。"

匀杯是茶席上的新宠，它经常与泡茶器构成一个方便的瀹泡组合区，也是茶席上的不变部分。匀杯在视觉轴线上是纵向的，而茶席的结构，在视觉整体上是呈横向的，因此，选择色调独特、器型优美、外观高挑的匀杯，既能增加茶席空间的层次感，又可通过釉色的变化，调节茶席色调的丰富性，增强茶席的诗情画意。

明代朱元璋的废团改散以及瀹泡技法的流行，为工夫茶的形成奠定了基础。清代俞蛟在《潮嘉风月》中写道："工夫茶烹治之法，本诸陆羽《茶经》，而器具更为精致。炉形如截筒，高约一尺二三寸，以细白泥为之。壶出宜兴窑者最佳，圆体扁腹，努嘴曲柄，大者可受半升许。杯、盘则花瓷居多，内外写山水人物，极工致，类非近代物，然无款誌，制自何年，不能考也。炉及壶、盘各一，惟杯之数，同视客之多寡。杯小而盘如满月。此外尚有瓦铛、棕垫、纸扇、竹夹，制皆朴雅。壶、盘与杯，旧而佳者，贵如拱璧。寻常舟中，不易得也。先将泉水贮铛，用细炭煮至初沸，投闽茶于壶内冲之，盖定复遍浇其上，然后斟而细呷之。气味芳烈，较嚼梅花更为清绝。"俞蛟认为工夫茶的起源和烹制，其根本是受到了陆羽《茶经》的影响，这确实有点胡乱联系了。煎茶法和瀹泡法，本是两个差别较大的烹茶体系，俞蛟有此论断，与古代文人多尊古而贱今的通病有关。极为讲究的工夫茶四宝，包括了孟臣壶、若琛杯、潮汕炉和玉书煨，其中并没有公道杯。这是因为潮汕工夫茶，在分茶的过程中，泡茶人习惯性地直接用孟臣壶，把茶汤循环往复、均匀地分到每一个人的茶杯中。即使是在出汤将尽之时，也会把壶中所余的点滴茶汤，再次均匀地分斟至每一杯中，这就是所谓的"关公巡城，韩信点

胭脂水匀杯。

兵"。潮汕工夫茶，不使用匀杯过渡，直接用孟臣壶分配茶汤，都是为了尽可能地提高茶汤的热度，以利茶香。他们担心多了一道工序、多了一个环节，会使茶汤的温度降低，从而影响了茶汤的香气与韵味。这一点，与强调使用孟臣小壶以及淋壶追热的道理是一致的。壶的大小与加热原理是成反比的。即壶越小，通过淋壶追热，而使壶内的水温升高越快，茶汤的香气自然会高扬许多。在俞蛟的论述中，也提到古旧且品相好的茶壶、茶杯等，在清代已经是贵重且不易得了。早期柴窑烧制的古老茶器，色调内敛，不仅能明显地改善茶汤滋味，而且可增加茶席的沉静之气，那种厚重的岁月感，会让我们的茶席变得更加古朴有味。这种美实涉中国美学的枯槁之美，朴拙中自藏春意，窥观尽得物外趣。

凡事皆有利弊。匀杯的出现，虽然可能会对茶汤的温度和香气带来些许的影响，却很明显地提高了出汤、分茶的便利性。既能使茶席平面保持干爽，又能使泡茶人更加从容自如地完成出汤和分茶。尤其是在出汤的过程中，不必像过去那样急促和匆忙，也不必担忧因时间的延迟、动作的拖沓，会对其中的某一杯茶的茶汤浓度，可能造成某些变化或影响。在合理应用匀杯之后，可以心平气和地根据出汤的色泽，去准确判断个人喜好的茶汤浓度，以便通过调节和控制好出汤的速度去实现。另外，通过一泡完整的茶汤在匀杯内的自然调和，我们会更加容易地去把控、泡出一盏如心所愿、熨帖内心的好茶。总之，匀杯的出现及在泡茶实践中的广泛应用，降低了过去泡茶所需要的技术难度，让人人可以很容易地泡好一杯中国茶成为可能。

在茶席的布置过程中，我们选用的匀杯，大多都没有把手，这样，就可有效地避免了与紫砂壶的把手可能同时出现的重复雷同，以免影响茶席上的视觉美感。我们练习隶书的蚕头燕尾，也是讲究"蚕不二设，雁无双飞"，其理一也。另外，匀杯要尽可能地高于泡茶器，以形成视觉上的高下错落。为了避免分茶烫手，茶汤在匀杯内的最大容量，不宜超过匀杯高度的二分之一，这就对茶席上匀杯的容量选择提出了要求。在匀杯的选择过程

中，首先要高度重视匀杯的线条和弧度，看它是否与拇指和食指构成的手持弧度曲线相吻合？以增加分茶的舒适感和稳定感。其次，也要关注匀杯的流口设计是否科学？在分茶时断水是否干脆而不淋漓不尽？以避免在分茶时，造成茶汤的余滴沿着匀杯外壁下流，影响席面的干燥和清洁。匀杯流口的设计好坏，是考量一只匀杯是否合格的唯一实用标准。

独家设计的浮雕梅花藕荷色匀杯。

匀杯，在茶席的构成元素中，身形相对较高，无论是从茶席的哪一个方向观察，都会比较显眼、夺目。因此，匀杯釉色的选择，相对茶席的构图而言，可能会是画龙点睛之笔。我喜欢选用的匀杯，多具有比较悦目、相对雅致的外观色彩，如：胭脂水、苹果绿、藕荷色、祭蓝、祭红、明黄等高贵、纯净的单色釉，把它们巧妙地应用到茶席设计之中，常会产生出其不意的效果。

## 茶杯，温润啜香

古时候的品茶器具，主要是茶碗。碗，古称"椀"或"盌"。先秦时期，又有"榶盂"之名。《荀子》说："鲁人以榶，卫人用柯。"（注：盌谓之榶，盂谓之柯。）白居易诗有："昼日一餐茶两碗，更无所要到明朝。"韩愈也有诗："云纭寂寂听，茗盌纤纤捧。"

在唐代，茶碗多称之为茶瓯，茶盏出现的频次较低。陆羽《茶经》的问世，使饮茶更加规范化、精致化、专业化。于是，小于碗的容量且更精致化的茶瓯开始流行。《说文》云："瓯，小盆也。"瓯的口径较大，适合煎茶法的观察茶汤之便。瓯的高度较矮，有利于喝茶之时手的把持。从以上可以看出，瓯的大口径、小身高的独特造型，决定了茶瓯成为唐代诗文中出镜频率最

唐代岳州窑青釉茶瓯。

高的品茶器。唐代岑参诗有："瓯香茶色嫩，窗冷竹声干。"白居易也有："烟香封药龟，泉冷洗茶瓯。"

随着宋代点茶的风靡，斗茶的规则催生了茶盏的问世。适合比拼斗茶的茶盏，要具备最大限度的展示功能，要创造出最佳的斗茶比对效果，于是，借助于古代灯盏的外形、容量小于碗而大于瓯、口径大而不折沿的茶盏出现了。宋代陆游诗云："茶映盏毫新乳上，琴横荐石细泉鸣。"张抡有词："闲中一盏建溪茶。香嫩雨前芽。砖炉最宜石铫，装点野人家。"

瓯、杯，都是从酒器演化而来的。无论是早期的茶碗，还是唐代以降的茶瓯、茶盏、茶杯的演化，无不是受到了当时饮茶方式及其准确表达茶与茶汤的影响。自宋代伊始，大概才有了茶杯之名。杯的高度，一般与口沿直径相等；而碗的高度，一般则为口沿直径的二分之一，这与拿取使用时的手指的工学尺寸有关。

陆游吟诵茶杯有诗："藤杖有时缘石蹬，风炉随处置茶杯。"刘克庄诗有："相依药碗与茶杯。"明代钱椿年，在《茶谱》里把茶盏雅称为"啜香"，实至名归。明末高濂进一步解释说："啜香，磁瓦瓯也，用以啜茶。"三口为品，四口为啜。杯盏的唇口相依间，心品慢嗅茶的兰馨梅馥，杯底的冷香盘桓，令人沉醉，香雾芳霭，如沐春风。如此可见，"啜香"的雅号，真是贴切风雅。唐代杜甫有诗："落日平台上，春风啜茗时。"皎然也有"霜天半夜芳草折，烂漫湘花啜又生"。皆写到了啜茶。

唐代，陆羽《茶经》倡导的"青瓷益茶"，于今天却未必恰当。由于唐代的绿茶制作，主要为蒸青工艺，在煎茶前，茶饼要经火炙烤、碾碎，期间茶内的酚类物质会产生部分氧化，因此煎出的茶汤，多少会绿中泛着点橙黄，甚至橙红色。陆羽在唐代推崇青瓷，首先是因为青瓷类冰似玉。淡青色的茶盏，会很好地遮掩、修饰茶汤因氧化而产生的茶黄素、茶红素。另外，可使茶汤与盏色相映生辉。"半瓯清冷绿"，就是"越瓷青而茶色绿"所要达到的效果。它不像邢瓷白，使茶汤显得偏红；不像寿州瓷黄，映衬得茶汤偏紫；也不像洪州瓷褐，使茶汤看起来偏暗、发黑。

到了宋代，人们对茶色的认知，从青翠转变为"茶色贵白"。宋人这种对茶色白的追求，实质上是对茶的采摘嫩度和制作，提出了比唐代更高的要求，精益求精得近乎苛刻。蔡襄在

宋代黑盏及剔红茶托。

《茶录》里说："茶色白，宜黑盏。"因此，宋人在斗茶时，为了准确映衬、表达茶色的白，崇尚使用黑褐色的茶盏，自然就在情理之中了。由于茶盏"底必差深而微宽"的外形，具备了比唐代茶瓯更大的展示面积和运筅空间，且适合搅拌均匀、环回击拂，因此，这就给黑褐色的茶盏，在宋代的一枝独秀，提供了绝佳的机遇。

尽管元代已经灭亡，明代初期文人心中的亡国之悲未消，便常常发思古之幽情，对茶与器的审美，仍然保留着对宋代挥之不去的追忆。因此，他们对茶的追求，仍然是以翠白为贵。渐渐地

随着朱元璋的废团改散、炒青绿茶与烘青绿茶的兴盛、瀹泡法的崛起，明代制茶始才追求"色香全美"，对茶色的要求，又开始转变为唐代的以"青翠为胜"。

当绿茶的撮泡法成为主流，取代了复杂的煎茶和点茶，茶的品饮方式变得更加方便快捷，趋于尽善尽美。因此，表现在茶器的选择上，茶杯以其灵巧、精美的外形，开始脱颖而出。茶杯的审美，开始变得以小为佳，以白为贵。明代文震亨在《长物志》中记载：明宣宗朱瞻基喜用"尖足茶盏，料精式雅，质厚难冷，洁白如玉，可试茶色，盏中第一"。明宣宗喜爱的御用茶盏，其尖足不稳，是与当时的朱红木质茶托配套使用的。茶盏壁厚保温，其思想还是受到了宋代建盏形制的影响。但其"洁白如玉，可试茶色"的美学观点，确实是饮茶史上的创新之举。夸耀尖足茶盏为"盏中第一"，从那个时代来看，真的一点也不为过。此时的"茶色"，是指绿茶的外观色泽及汤色的翠绿。

近代学者翁辉东在《潮州茶经》写道："此外，仍有精美小杯，径不及寸，建窑白瓷制者，质薄如纸，色洁如玉，盖不薄则不能起香，不洁则不能衬色。"茶杯的径不及寸，是由孟臣壶的较小容积决定的。壶小则香易聚，壶大则味不佳。小壶小杯，适于细啜慢品，符合文人茶客的美学趣味。翁辉东认为茶杯的壁不薄不能起香，也是从工夫茶的品饮角度提出的。工夫茶的喝法，讲究的是茶汤要趁热饮用。杯壁厚度若是大了，便会迅速吸收茶汤的热量，从而降低了茶汤的温度，便会直接影响到茶的香气高扬。民间"喝茶不烫嘴，不如喝白水"的讲究，其内涵表述的，即是茶汤不热便会不香的道理。

清代以降，六大茶类开始百花齐放，相继登场。茶汤颜色或橙黄或绯红的黄茶、乌龙茶、红茶出现以后，雪白的茶盏或内壁洁白的茶杯，对汤色的呈现更加清透与准确。茶杯的以白为贵，于是变得更加合乎情理。釉水纯白的茶杯，便具备了作为赏茶、别茶标准器的独特优势，从而能够根据茶汤的色泽变化，十分方便地判别茶质的优劣、茶类的氧化、发酵程度、焙火程度的高低、茶品的年份转化程度，等等。

　　茶杯虽小，却是一席茶中不可忽视的主角。茶杯的釉色、釉水的配比、胎体的厚薄、烧结的温度、器型的高低、口沿的敞敛，实实在在地影响着一杯茶香气的聚散与茶汤的滋味。一个好的茶杯，执手在握，轻盈温润。杯口与唇齿相依，饮尽茶汤的一刻，犹如爱人柔情似水的熨帖，顷刻便会生出"执子之手，与子偕老"的情愫和执着。

　　我欣赏明代甜白釉的花口杯，白如凝脂，素犹积雪。那滋润的白，不泛青，不煞白，一杯在手，釉白酥润，如盘玩和田白玉，温润以泽，细腻舒滑。 甜白釉色的杯子，尤其适合茶的品饮与欣赏。讲究喝茶的人，都是一茶一杯。因为不同壁厚、不同

材质、不同杯形、不同釉色、不同烧造氛围的茶杯，会在不同层面上，深刻影响着茶汤的观感、茶汤的表现、茶汤的香气存留等等。因此，当喝茶上升到雅致闲赏的更高层面，总要为某类茶、某种茶，选配好最能准确、精彩表现它的茶杯。杯子是茶最好、最美的嫁衣。

## 壶承，承载容纳

壶承，是包容和承载茶壶（盖碗）、兼有收集淋漓热水的容器。承，有承载之意。陆羽《茶经·四之器》中，记载过灰承，它是与风炉配合使用承载落灰的。最早壶承的应用，可能受到了与注子（注壶）配套使用的注碗的影响。注子最早是在唐代作为酒器出现的，到了到宋代，为了承载注壶或装饰、或隔热的需要，便在其外侧增加了注碗。宋代孟元老《东京梦华录》记载："凡酒店中不问何人，止两人对坐饮酒，亦需用注碗一副，盘盏两副。"这里的注碗一副，说明注子和注碗是配套使用的。随着点茶技艺的普及和发展，注子在宋代完成了由酒器到茶器的演变。当注子改良为茶器使用之后，则冠名为汤瓶或汤提点。汤瓶之谓，见于蔡襄的《茶录》和宋徽宗的《大观茶论》；"汤提点"则见于审安老人的《茶具图赞》。在茶注的诸多称谓中，还是以汤提点最为形象。"汤"，是指热水；"提"，是指提起；

早期的锡制壶承。

"点"，是指点茶。

明代，张源《茶录》记载："探汤纯熟便取起，先注少许壶中，驱荡冷气，倾出，然后投茶。"程用宾的《茶录》也写道："伺汤纯熟，注杯许于壶中，命曰浴壶，以祛寒冷宿气也。"虽然张源和程用宾，在文中都没有交代类似壶承的器具存在，但是，既然在泡茶实操中存在着浴壶的环节，那么，以明代文人的审美追求和精巧细腻，在明代茶席的设计中，就一定对浴壶可能造成的热水溅洒，采取过相应的行之有效的措施。这种类似器具的存在，其本质上就已经具备了壶承的功能或者使命。

在工夫茶的泡法中，常常将沸水淋于茶壶的表面，壶外追热，内外夹攻，以保证壶内的茶汤，尽可能达到足够高的温度。对于凤凰单丛、武夷岩茶等传统型的乌龙茶，通过淋壶为壶加温，可明显影响茶汤的滋味与香气的表达。但对于清香型铁观音、普洱生茶等发酵轻的茶类，淋壶追热，可能会起到相反的效果，甚至会加重茶汤的苦涩程度。因此，在泡茶时，要因地制宜，因茶而别，学会分清茶类，辨别茶的氧化程度与焙火轻重可能对茶造成的影响。不可盲目地为了养壶，而不顾全茶汤的滋味，一味地去用热水、茶汤淋壶。我们用了几分的心思去理解茶、去泡茶，茶汤里便会增加几分的滋味与回馈。茶不负人。

茶席上的壶承，是为了保证席面清洁干爽之用。我们在当下的泡茶实践中，已经很少再用于淋壶接水。它主要用于承接在泡茶注水时、溅出的或溢出的少量水滴，因此，壶承更多具备了衬托、突出茶壶（盖碗）的美学功能。

壶承的选择，颜色宜略浅于茶壶（盖碗）的颜色，或者颜色近似席布，不应太惹眼而喧宾夺主。壶承的大小，应当与茶壶相匹配，过大则显得茶壶太小，泡茶区域过于疏散；过小则水滴容易溅出，影响席面的整洁。壶承的大小，以接近壶（盖碗）外缘直径的两倍左右为恰当。总之，壶承选择得过大或过小，都会影响到其实用性与视觉的美感。壶承不能太低，若是过低，则会影响茶席上壶（盖碗）的竖象之美。当然，壶承也不能太高，若是太高，则会使茶壶（盖碗）产生不稳定的感觉，可能会影响到席主在泡茶时的心理安宁。壶承与壶（盖碗）的总高度，不宜超过匀杯的高度。壶承是茶壶（盖碗）的卫士，也是展示泡茶器的舞台，它会时时处处，隐去自己，去突出泡茶器的线条、釉色、肌理及端庄之美。

如果有条件和机缘，可挑选早期柴烧的瓷盘作为壶承。早期的瓷盘温润而无火气，不刺眼，又具几分典雅之气。瓷盘上的雕花、涂彩、装饰，以素雅为上。在壶与壶承之间，可添加丝瓜络片作为壶垫，以减缓二者之间的冲击和碰磕。翁辉东在《潮州茶经》里，对壶垫有过详细的论述。他说："茶垫：如盘而小，径约三寸，用以置冲罐，承沸汤。式样夏日宜浅，冬日宜深，深则可容多汤，使勿易冷，茶垫之底，托以垫毡，以秋瓜络为之，不

手工精制铜壶承。

生他味，毡毯旧布，剪成圆形，稍有不合矣。"若选择使用金属材质的壶承，以早期的锡器为上，不能呈现太强的金属光亮。无论是铜质壶承，还是银质壶承，均以温润含蓄有包浆者为佳。

## 茶托，隔热衬托

茶托，又称盏托、茶船。其用途，是为放置茶盏的承盘，以承接茶盏防烫手之用。后因个别的设计，其外形似舟，遂以茶船或茶舟名之。清代顾张思的《土风录》卷五记载："富贵家茶杯用托子，曰茶船。"寂园叟的《陶雅》也提到："盏托，谓之茶船，明制如船，康雍小酒盏则托作圆形而不空其中。宋窑则空中矣。略如今制而颇朴拙也。"这一段记载，既说明了船形茶托产生于明代，又指出了明代和清代的许多茶杯，可能是由酒杯演变而来的，并且酒杯和茶杯，此时在形制上已没有多大的差别。用作茶杯抑或酒杯，就要看配套的究竟是茶托还是酒台子，具体考证可见拙作《茶与茶器》。

对于茶托的起源，我们能够看到的最早文献，是晚唐李济翁的《资暇录》，其中写道："始建中（780—783），蜀相崔宁之女以茶盅无衬，病其烫指，取楪子承之。既啜而盅倾，乃以蜡环子之央，其盅遂定。即命匠以漆环代蜡，进于蜀相。蜀相

清代青花瓷质茶船。

奇之，为制名而话于宾亲，人人为便，用于代。是后，传者更环其底，愈新其制，以致百状焉。"楪子从木，是指盛食物的木楪子，即是蜀中的漆器。然后又以"漆环代蜡"，更进一步证实了，这个最早的茶托雏形，从一诞生就是一件标准的漆器，是否为红色尚不好断定。根据李济翁的记载，他认为盏托最早出现在唐代，其主要作用，是防止喝茶时手指被烫伤。这也从侧面进一步证明了，此前出现的酒器承盘与专用茶托的起源，并没有任何的关联。尽管在五代以后，茶托的造型可能影响到了酒托盘的形制。宋代程大昌的《演繁露》说："古者彝有舟，爵有坫，即今俗称台盏之类也。然台亦始于盏托，托始于唐，前世无有也。"

宋大昌所讲的"台",是指盏托中间凸起的酒台子,它常与高足酒盏配合使用,合称台盏,为高级酒器。《辽史·礼志三》中,有在重要仪式中贵族"执台盏进酒"的记载。"盏托"是指茶托。茶托的外观为:下无高足,中无圆台凸起,并且中心是中空的,以便于承接茶盏圈足的圆盘形茶器。酒台子和茶托的异同以及目前的出土资料证实:宋大昌所讲的"然台亦始于盏托",表达的是茶托的外形、结构,可能影响到了酒台子的诞生,并非酒台子是从茶托中派生出来的。这一点一定要引起注意,不可颠倒混淆。

唐代陆羽在《茶经》里,即使连一个渺小的竹夹、一个纸囊,都写得非常详细,但为什么没有记载茶托这个重要的茶器呢?我在《茶与茶器》里考证过,首先,在陆羽《茶经》问世

雕漆茶托。

时，茶托尚未在当时交通相对闭塞的蜀地诞生。其次，茶瓯的容积在半升以下，按照陆羽的"凡煮水一升，酌分五碗"，不考虑煮茶时水分的损耗，茶汤才占茶瓯容积的五分之一。即使是人少的时候，小于一升的茶汤酌分三碗，其容量也不会超过茶瓯的五分之三。因此，以茶瓯在注茶时预留出的宽裕度，根本就不存在茶汤的烫手问题。

宋代是茶托发展的兴盛时期，这与点茶的要求关联甚多。在当时，除了各式各样的瓷质茶托、琉璃盏托、金银盏托、锡茶托外，尤其是朱漆木质茶托更是大行其道。宋代审安老人在《茶具图赞》中，把茶托称之为雕漆秘阁，其名承之，字易持，号古台老人。承之和易持，指的是茶盏。古台，指的是茶托的外形。并赞曰："危而不持，颠而不扶，则吾斯之未能信。以其弭执热之患，无坳堂之覆，故宜辅以宝文，而亲近君子。"

宋代的茶托，为什么以漆雕秘阁为贵呢？这就涉及茶托的材质问题，在所有材质里，最轻且隔热性能最好的就属于木质了，而装饰性高贵华美的又当属漆雕。漆雕茶托相对于瓷质，它不易碎；在冬季，相对于金属材质又不寒凉。

从漆雕的发展历史来看，到了宋代已发展得相当成熟。《茶具图赞》描述的漆雕秘阁，从其纹饰来看，属于剔刻较深的如意云纹，当属剔犀工艺的盏托无疑。

唐代崔相之女的漆木茶托，影响到宋代审安老人记载的贵族专属的漆雕秘阁的诞生，二者又共同深刻影响到宋代以降的茶托的造型、工艺与材质。从宣化辽墓等壁画中可以明确看到：那时画中人物所持的茶托，多为朱红或黑色漆器木质茶托。在《水浒传》的第四十五回，就写到过朱红茶托："只见两个侍者捧出茶来，白雪锭器盏内，朱红托子，绝细好茶吃罢，放下盏子。"南宋吴自牧的《梦粱录》也记载："今之茶肆，刻花架，安顿奇松异桧等物于其上，装饰店面，敲打响盏歌卖。止用瓷盏漆托供卖，则无银盂物也。"周密的《齐东野语》更进一步证实了南宋当时的茶托，多为朱红茶托。他写道："有丧不举茶托。凡居丧者，举茶不用托，虽曰俗礼，然莫晓其义。或谓昔人托必有朱，故有所嫌而然，要必有所据。宋景文的《杂记》云：'夏侍中薨于京师，子安期他日至馆中，同舍谒见，举茶托如平日，众颇讶之。'又平园《思陵记》，载阜陵居高宗丧，宣坐、赐茶，亦不用托。始知此事流传已久矣。"

从周密的记载可以看出，在宋代，凡是居丧守孝期间的人，不论主宾和男女，喝茶时一律不能用茶托，否则就是对逝者的不敬，属于违礼行为。其原因在于，古代的茶托外表多饰有彩绘，尤其是以朱红居多。喝茶时不用茶托，是为了避嫌和表示哀痛，这与居丧期间不穿彩色衣服、不进行娱乐活动等，是同样的道理。例如：像周密记载的那个名叫夏安期的官员，在父丧期间喝茶，仍然与平日一样，使用并举茶托，结果被同僚告发，受到撤

南宋《五百罗汉图》局部。

职罢官的严厉处分。北宋《景德传灯录·松山和尚》记载："一日命庞居士吃茶，居士举起托子。"从以上文献可以推断，宋代的盏、托并用，属于日常饮茶的规范，除非遇到丧事。

宋代以降，瓷质茶托的烧制，逐渐增多，盏托成了茶盏的固定附件。早期的茶托与酒台子都有台，二者的根本区别在于，茶托中心凸起的台子是中空的，其作用如《茶具图赞》所言，是

"承之"，以承接茶盏的圈足，用于持危，使其不颠。一手持盏托时，看不到茶盏的圈足。而酒台子多为瓷质，其中间的台面是闭合的且较高，其作用是执台盏进酒，提高酒杯的高度，增加敬酒的庄严与仪式感。酒杯放置在酒台子上，可以看到酒杯的圈足，并且其酒杯多为高脚杯。饮酒时的酒盏取拿，迥异于饮茶的托盏并举，饮酒人只取酒杯，不能手托酒台子。

　　明代初期，受宋代饮茶审美的影响，贵族、文人仍在使用朱红木质茶托。这一点，从明代丁云鹏的煮茶图、唐寅的《煎茶图》等，可以窥见。巧合的是，在这两幅茶画的左前侧，都有一只斗笠状的茶盏，安放在一个朱红色的茶托之中。

玛瑙酒台盏，其结构明显区别于茶托。

从明代饮茶的执牛耳者朱权开始，提倡饮茶的"志绝尘境，栖神物外"，深刻影响了之后明代文人饮茶的隐逸之风。如：长期隐居苏州西山的张源，著《茶录》认为山斋茅舍，惟用锡器，这在某个层面上，有力地推动了锡制茶托的发展。

宋代斗茶的茶盏，多为口径12cm～15cm的束口盏，容量一般在200ml以上。到了明代，当散茶的冲泡，取代了宋代的点茶法，因为不再需要在茶盏内点茶击拂，所以，茶盏、茶瓯（茶碗）、茶钟的尺寸相对缩小了许多。其大小，近似于宋代口径在11cm及以下的吃茶用盏。此时的饮茶方式，大多是把散茶先投入到茶瓯里，再以沸水冲泡，其实就是明代陈师《茶考》中记载的撮泡法。在以瓯泡茶的过程中，因担心茶汤变凉，或为避免灰尘落入茶瓯，前人便在茶瓯上加了个盖子，于是，就形成了盖碗。同时，为了防止端着盖碗喝茶时烫手，便水到渠成地会增加了一个碗托。当然，碗托的出现，也一定沿袭了之前的举托喝茶的习惯。盖碗托在明清时，多为锡制或铜制，碗托中间有台有承口，形制与宋代基本茶托一致。但是，此时的盖碗，毕竟是直接接触口唇供喝茶之用，因此，盖碗的碗沿多为直口。近代以降，当盖碗的属性摇身一变，由过去集泡茶和品茶于一体的茶器，变为当今的单纯的泡茶器之后，盖碗的直口，就开始演变为防烫手之用的撇口了。

明代的废团改散，推动了壶泡法的流行。陈师的《茶考》记

清代瓷质茶托。

载："予每至山寺，有解事僧烹茶如吴中，置磁壶二小瓯于案，全不用果奉客，随意啜之。可谓知味而雅致者矣。"山寺里，与瓷壶配套的两个小瓯，其实就是品茶的茶钟。茶钟比茶碗稍小，口径大约在10cm左右。这个尺寸，正符合拇指与中指或拇指与食指持器的舒适距离。茶钟自酒钟而来，以外形似倒钟而得名，又称茶杯、茶盅，其口径近似于杯高。而茶碗，其高度大致为口径的二分之一。当今的撇口盖碗的碗体，大都是从茶盅变化而来。

明末清初，南京桃叶渡闵汶水，以汤社主江南风流，工夫茶开始萌芽。当小酒盏被用于饮茶之后，酒器自然就变成了茶器，相应的过去的酒杯承盘，就顺理成章地变成了今天随处可见的所谓"茶托"。但是，此"茶托"，已迥异于过去的有台有承口的古老盏托或碗托了。许之衡在《饮流斋说瓷》中写道："承杯之器，谓之盏托，亦谓之茶船。明制舟形，清初亦然。"也就是说，在酒杯或酒杯的形制，影响了口径在6cm左右小茶杯的诞生之后，茶托才有了茶舟、茶船之名。

酒杯与酒盘的组合，合称盘盏。酒盘的中心省去浅台，是因为酒盏不存在"执热之患"，其圈足也不需要以"承之"，当然，古时候的很多酒杯，从来就没有过圈足。

当从酒盘演化而来的茶托，失去了中心的圆台和承口，茶托的功能明显地被弱化了，有其名而无其实了。此时的饮茶方式，不再举托而饮，如同宋辽以降饮酒盘盏的使用方式一样，饮者只取茶杯，茶托（茶盘）为敬茶者所持。

一盏冷暖高低举。茶席上的盏托，形制各异，大小不同，变化多端。在茶席布置时，针对某一种茶类，合理选用元宝形、海棠花形、梅花形等不同的茶托，容易在联想中找到与某类茶共鸣的契合点，也可能会产生意味深长的暗示作用。例如，在品鉴武夷岩茶中的水金龟，或是梅占、九曲红梅时，可选择梅花形的茶托，或是带有梅花图案的茶托。水金龟典型的梅花香气，可以用梅花形的茶托来点题。梅花形的茶托或图案，也能很好地对梅占和九曲红梅等茶的内涵，形成生动有趣的诠释。

我偏好使用外观呈六角形的锡制茶托，六角形制的茶托稳

清代锡制碗托。

重，杯托之间结合紧密，没有缝隙。在茶席布置完毕，登台亮相时，会使茶杯的排列组合，整齐划一，形生势成，更具韵律美感。茶席以简素为上，从席布、茶托到茶杯，在颜色的搭配上，应该有个深浅的渐变。如果席面比较平整，或找不到合适的茶托，茶托也可省去不用。

## 茶荷，负荷染香

茶荷的"荷"，在这里是动词，有承载、负荷之意。茶荷，是置茶、容纳、承载茶的专用茶器。它主要有鉴赏茶形、观看茶色、闻干茶香气的功能，兼有把茶从茶仓顺利移至泡茶器内的用途。

茶荷，不同于茶则，也不同于茶匙。茶则是量取茶的器具，带有计量的功能。茶匙，在唐代曾是计量工具，因此，也兼具过茶则的功能。陆羽《茶经》写道："凡煮水一升，用末方寸匕。"方寸匕，是古老的计量容器，长柄浅斗，其匕大小为正方

一寸，容量大概为6~9g。在北宋早期，茶匙变成了点茶时击拂、搅拌茶汤的专用器具。而唐代煎茶环激汤心的搅拌器具，则是长为一尺的竹筴。据宋代蔡襄《茶录》记载："茶匙要重，击拂有力，黄金为上，人间以银铁为之。竹者轻，建茶不取。"北宋毛滂诗云："旧闻作匙用黄金，击拂要须金有力。"到了宋徽宗时代，点茶击拂时，竹制茶筅又取代了茶匙。宋徽宗在《大观茶论》中说："筅疏劲如剑脊，则击拂虽过而浮沫不生。"明代初期，朱权自成一家，对"末茶之具，崇新改易"，茶匙的功能，便由击拂搅拌，又改为了"量客众寡，投数匕入于巨瓯"。这就意味着茶匙的功能，在明代早期又变成了"匕茶入瓯"的茶则，同时也兼有容纳茶的茶荷的功能。

宋代《十八学士图》局部，右侧童子执茶匙，点茶击拂。

　　明代中后期，茶匙的形状和功能，随着时代的需求又发生了重大变化。高濂在《遵生八笺》写道："撩云，竹茶匙也，用以取果。"撩云之雅称，比茶匙更具诗意之美。撩云之谓，与茶的别名较多有关。如：云华、碧云等，唐代皮日休诗云："清晨一器是云华。"崔鱼也有诗："朱唇啜破绿云时。"

　　高濂记载的竹茶匙，究竟是什么样子呢？清代陆廷灿在《续茶经》，引用臞仙朱权的话透露过："茶匙以竹编成，细如笊篱样，与尘世大不凡矣，乃林下出尘之物也。"明代那些隐逸山林的文人雅士，喜欢用"撩云"喝茶捞果，从根本上来讲，他们是内心嫌弃金银奢丽、铜臭铁腥，认为竹有节而不染尘，最是清雅宜茶。而那些游走在红尘中的人们，使用的茶匙又是什么样的呢？从目前的出土资料和文献来看，多为银质、铜质茶匙。贵族们喜用的茶匙，多为金质或银质鎏金工艺。湖北明代梁庄王墓，出土的一件金质茶匙，匙形若一枚杏叶，匙心的花朵镂

静清和收藏的银鎏金杏叶茶匙。

静清和收藏的茶匙。

空。（扬之水《〈金瓶梅词话〉中的酒事》）。

对于杏叶茶匙，明代的《金瓶梅词话》，至少有四处写过：（第七回）"只见小丫鬟拿了三盏蜜饯金橙子泡茶，银镶雕漆茶钟，银杏叶茶匙。妇人起身，先取头一盏，用纤手抹去盏边水渍，递与西门庆。"（第十二回）"少顷，只见鲜红漆丹盘拿了七钟茶来。雪锭般茶盏，杏叶茶匙儿，盐笋、芝麻、木樨泡茶，馨香可掬。"（第十五回）"顶老彩漆方盘拿七盏茶来，雪锭盏儿，银杏叶茶匙，玫瑰泼卤瓜仁泡茶。"（第三十五回）"棋童儿云南玛瑙雕漆方盘拿了两盏茶来，银镶竹丝茶钟，金杏叶茶匙，木樨青豆泡茶。"从以上四处详实的描述能够看出，明代茶匙的流行，主要是为饮用那些花果茶。由此可以推断，明代茶匙是与茶钟或茶盏配套使用的，其作用，既可以撩拨飘浮在水面上的茶叶，又可以捞取茶汤中的果肉、果仁、笋丁、花瓣、芝麻、豆类等食品，边喝边吃。对于茶匙的用法，明代《西游记》里写得比较清楚，吴承恩在第二十六回中写道："那呆子出得门来，只见一个小童，拿了四把茶匙，方去寻钟取果看茶，被他一把夺过。"

从以上叙述可知，从明代的万历皇帝、梁王到西门庆身边的达官贵人，都在用镂空茶匙喝茶。宁王朱权也不只是清饮，真实生活中的他，也在食用花果茶，只不过他选用的茶匙是竹子编的，谓其林下超凡出尘之物。可见，饮茶之事，并没有多么明显的雅俗边界，喝什么？怎么喝？并不重要。雅与俗的根本区别，在于是否拥有一颗清纯无邪的心灵。

从现有的文献来看，这种镂空撩茶取果的茶匙的应用，不会晚于元代，而以明代为盛。元代王祯在《农书》记载："茶之用：芼核桃、松实、脂麻、杏仁、栗任用，虽失正味，亦供咀嚼。"这足以可以证明，在元代已经有了花果茶的喝法。

到了清代，乾隆皇帝在《咏嘉靖雕漆茶盘》的诗注后写道："尝以雪水烹茶，沃梅花、佛手、松实啜之，名曰三清茶。纪之以诗，并命两江陶工作茶瓯，环系御制诗于瓯外，即以贮茶，致

湘妃竹茶荷。

为精雅，不让宣德、成化旧瓷也。"这也证明了乾隆皇帝在喝三清茶时，茶瓯里的松子、佛手等，是需要用镂空茶匙捞着吃的。

我喜欢用老竹片手工磨成的茶荷，其横断面的竹肉，如美丽的鱼子纹，色泽由红到黄、深浅不一地分布着。岁月沉积在茶荷上，微微泛着暗红的包浆，那温润如玉的光泽，隐藏着的是惜物之心，是对精致生活的重拾。老茶荷在茶席上，像谦谦君子，幽隐含蓄亲切，清凉滋润素雅，令茶席沉稳入世，多了些烟火气息。而为世人所珍视的斑竹或湘妃竹茶荷，摆放在茶席上会略显花哨，但精美的，却是可遇不可求了。

　　我们日常所用的茶荷，由于使用频率较高，又经常在茶友之间穿梭传递，因此，茶荷的定期消毒，显得尤为必要。在公共场所，如若选用能够自行抑菌杀毒的银质茶荷或铜质茶荷，才是上佳的明智选择。铜茶荷带有金属的异味，可能会干扰、影响到茶的本真气息，这点需要引起注意。对此，罗廪在《茶解》中写道："茶性淫，易于染著，无论腥秽及有气之物，不得与之近，即名香亦不宜相杂。"而手打的银质茶荷，没有任何的异味，摩挲使用日久，便会生出玫瑰红色的沉稳包浆，入驻茶席自会增彩添色，蓬荜生辉。

　　茶荷，有时会被清洁的白纸、树叶取代。在潮汕工夫茶的冲泡程式中，就有茗倾素纸、壶纳乌龙的细节。一纸漫卷，素宣香茶，此时若有翠竹投影其上，这席茶，便多了耐人寻味的诗意和墨色了。

## 茶则，增减计量

　　茶则，是量取干茶的计量器具。依靠茶则，从茶仓里，量取大概所需的茶叶，同时依靠茶则，把茶叶轻轻地拨入泡茶器内。从某种意义上讲，不同类型的茶则，因器形和功用的差异，便会兼顾计量、承载、拨茶、疏通壶嘴等多种职能。

茶荷与银鎏金茶则。

茶则之"则",包含了量取、则度、准则等含义。陆羽在《茶经·四之器》中写道:"则,以海贝、蛎蛤之属,或以铜、铁、竹、匕、策之类。则者,量也,准也,度也。凡煮水一升,用末方寸匕,若好薄者减之,嗜浓者增之,故云则也。"从陆羽的描述能够看出,唐代使用的茶则,选材已是非常广泛。从中也能看到唐人,使用方寸匕作为茶则的例证,以及根据个人对茶汤浓淡的喜好,以之增减茶量的过程。

宋代点茶所用的茶则,如蔡君谟《茶录》所记:"钞茶一钱匕。"宋代的一钱匕,即是一个五铢钱可以钞起的最大容量，相当于今天投茶量的1.5~1.8g。清代蔡云在《癖说》中指出："量药器有三等，大者方寸匕，匕正方一寸。次者刀圭，十分方寸匕之一。小者五匕，半五铢钱之积。盖刀圭以有柄如刀得名，而方寸匕因之。五匕以钱边五字得名。"

明代，许次纾在《茶疏》中明确提出了"秤量"一词。其中记载："茶注：

北宋李守贵墓壁画，右侧仕女左手持茶仓，右手执茶则，量茶、拨茶末入盏。

容水半升者，量茶五分，其余以是增减。"明代的五分，相当于今天的1.56g。

尽管在北宋景德元年，刘承硅已经发明了可以精确秤量五分重的戥杆秤，但是，《茶疏》所述的"秤量"，个人认为，就像我们今天的泡茶一样，应该是用茶匙从茶仓里凭经验钞出的茶量。此处的"五分"，大概是个经验估算值。

此处应该强调的是，如果许次纾是用茶匙，把茶叶从茶仓中直接钞出的，那么，此处的茶匙就是茶则。假如是用戥秤秤出的茶叶，那戥秤就具有了茶则的意义，而与之配合的、能够暂时容纳茶叶的茶勺，就属于典型的茶荷了。

从陆羽的《茶经》，我们大概可以了解到，在唐代煎茶时，1000ml的水量，投茶6~9g；从蔡襄的《茶录》，我们能够推算，宋代点茶时，容量300ml左右的茶盏，初次投茶量为1.5~1.8g，从苏廙《十六汤品》的记载观察，宋人点一盏茶的投茶量，也不会超过8g。从许次纾的《茶疏》，我们也能够看到，明代用500ml左右的壶，投茶1.56g左右。可见，古人饮茶还是很在乎身心健康的，他们并不欣赏和支持喝浓茶的行为。正如许次纾所言：喝茶总是清事，"但令色香味备，意已独至，何必过多，反失清冽乎。"

无竹令人俗。在当代茶席上，我常常去寻觅一段嶙峋的竹鞭，或截取一根一波三折的树枝，或寻找一截斑竹，来制作体现自己美学趣味的茶则。不仅方便实用，而且会使茶席上氤氲着山野清趣。

竹子和茶，自古就有不解之缘，产茶之地也多竹林苔藓。刘禹锡在《西山兰若试茶歌》写道："阳崖阴岭各殊气，未若竹下莓苔地。"清茶与翠竹，本是山中清物。竹下饮茶，茶引清香，竹添幽境；茶烟竹影，相映成画。明代朱权在《茶谱》里写到过茶架。他说："茶架，今人多用木，雕镂藻饰，尚于华丽。予制以斑竹、紫竹，最清。"朱权虽言茶架，却道出了茶竹相伴，是最相宜的。陆羽也强调，竹可"假其香洁以益茶味"。竹与茶都罕有世间的俗尘气息，可谓双清。杜甫《屏迹》诗云："杖藜从白首，心迹喜双清。"在茶席上，裁一截自己喜爱的竹子作为茶则，茶竹双清，相得益彰。

茶则虽小，意义却不寻常。对于寻觅制作茶则的良材，陆羽深有体会，他在《茶经》中说："恐非林谷间莫之至。"我也经常鼓励自己的学生，要亲自动手，到山野间、竹林里，用自己的眼光、自己的审美，去仰观俯察，去信手拈来，做出适合自己的茶荷与茶则。自己亲手制作的茶器，最能体现自己的审美与诉求，用着更是应手舒适。手作之美器，匠心独具，包含着不足为外人道也的辛苦和情感，它是对一段历程、一段时光的纪念。在任何时候，带着自己温度的器物，内心最是珍惜，不会随意或轻易丢弃。在生活中，老人常告诫我们要敝帚自珍，这与"茶性俭"是一脉相承的，也是手作"茶则"另一层面的意义。

在市场经济时代，资本扩张和疯狂逐利的结果，就是竭力采用各种方式，去刺激、放大人的欲望，去鼓励消费和喜新厌旧。用过即丢，同时丢掉的还有良知。这种涸泽而渔的消费模式，不仅严重违背了中华民族敬天惜物的美德，泯灭了个性与自我，而且也容易让人陷入生存的迷茫与作茧自缚。鉴于此，借由茶可以重塑我们的内心，尽量不浪费，少外求，在茶生活美学的渐次构建中，不为物役，不为物累，力所能及地运用自己的双手，解放自己的心灵与智慧，制作一些必需且真正适合自己的茶器，不贪多，常玩味，以物养性，相互滋养。如文震亨所说："于世为闲事，于身为长物。"手作的茶器，便会与心灵相关。手作之美，凝结着我们昨日的生活痕迹。如此饱含着思考与记忆的茶器，在茶席上陈列时，才是有温度、有情感、有诗意、有共鸣的。

## 滓方，有容乃大

滓方，是茶席上用于收集和汇聚多余茶水、废水以及茶滓的器具。滓方，在日本又称建水，与高屋建瓴的"建"同义，有倾倒的意思。

滓方，不同于水方，也异于涤方，三者形制相似，容量大小不等，功用上更是悬殊很大，不可混淆。陆羽在《茶经》写道："水方：水方以椆木、槐、楸、梓等合之，其里并外缝漆之，受一斗。"《茶经》里记载的水方，容量较大，一斗相当于现在的十升水。可见，水方是专门用来盛装、煎茶所需要的山泉水的容器。"涤方：涤方以贮涤洗之余，用楸木合之，制如水方，受八升。"根据陆羽的描述，涤方应该是洗涤茶具用的容器，形制比水方略小一些。"滓方：滓方以集诸滓，制如涤方，处五升。"陆羽《茶经》对滓方描述得非常清晰，它无论是在形制还是在功能上，与今天的建水功能都是非常接近的，成为专门收集废水、

我在茶席上常用的渣斗。

茶滓的专用器具。另外，从形状和容积上分析，水方、涤方、滓方三者在不使用时，可以叠加在一起收纳，以节省存放空间。

随着唐宋饮茶风气的日新月异，陆羽《茶经》记载的滓方，受之前唾壶的影响，又在唐末宋初衍生出了渣斗。早期的渣斗口沿敞大，颈口细小，利于滤茶分水。在河北宣化辽代墓画中，就有一仕女在分茶持盏时，右侧另一仕女，执一白色瓷质渣斗。在另一幅墓画中，也有一男士在点茶时，身后另一黑衣男士，持白色渣斗的情景。在北宋蓝田吕氏家族墓地，曾出土过一件唐代铜质渣斗，内留有残茶，器壁上也有茶汤流淌过的痕迹。置于其上的铜碗底内，还附着一小撮呈风干状的茶叶。南宋以后，渣斗从专用的茶器，又逐渐演变为酒宴上陈设兼能盛放食

河北宣化辽代墓壁画，右侧仕女持一白色渣斗。

物残渣的酒器。

从上述资料可以看出，茶席上的滓方，与我们日常习惯称谓的水方或者水盂，无论是形制，还是功能，都是完全不同的，也不可混同一物。水盂，是文房里盛水以供磨墨用的器皿，供染墨濡笔之用。宋代赵希鹄在《洞天清录·水滴辨》里说："古人无水滴，晨起则磨墨，汁盈砚池，以供一日用，墨尽复磨，故有水盂。"

近代文献里提到的滓方，翁辉东先生称之为茶洗，功能一也。他在《潮州茶经》写道："茶洗形如大碗，深浅式样甚多。贵重窑产，价也昂贵。烹茶之家必备三个，一正二副。正洗用以浸茶杯，副洗一以浸冲罐，一以储茶渣暨杯盘弃水。"翁辉东称之"二副"茶洗，与文震亨《长物志》中描述的茶洗，又大相径庭。文震亨写道："以砂为之，制如碗式，上下二层。上层底穿数孔，用洗茶，沙垢皆从孔中流出，最便。"明代文震亨所言的茶洗，是洗茶之用的。翁辉东认为的茶洗，其功能包括上述三种。名虽同而形制、功用异也，不可不辨。而唐代以降的渣斗，在一段时间之后，又演化成了陈设品或者酒器。从上述可以看出，无论是渣斗、水盂还是茶洗，上述三者中的任何一个器物名称，都无法涵盖陆羽《茶经》对滓方赋予的意义和功能。因此，在茶席上储存收集茶渣、废水的茶器，还是称为滓方最为恰当。

器以载道，格物致知。茶器选择得方方正正，寓意着做人的规规

手工打的铜淖方，茶席上的淖方要呈竖向，
与泡茶器的比例要协调。

矩矩。许次纾在《茶疏》里提醒说：茶瓯"必拣圆整，勿用啙
窳"，也是此意。

　　滓方在茶席上，虽不显眼，但在感觉上，却深具分量感。滓
方陈设于席主泡茶弃水的方便位置，一般常在席主的右手侧，以
不影响分茶轨迹为宜。由于滓方的体积稍大，其容量的选择，一
般为匀杯直径的2~3倍为宜。滓方常常与花器各据一侧，倘若处

理不当，会使茶席显得突兀和不平衡，甚至头重脚轻，因此，不妨顺势把它作为均衡茶席构图的重要砝码使用。

荀子曰："君者盘也，盘圆而水圆；君者盂也，盂方而水方。"勿以善小而不为。滓方虽然平凡乃至庸常，但却是茶席上不可忽视的重要细节，能否正确运用和把握好，事关一席茶视觉美和平衡感的构建。祸患常积于忽微，而智勇常困于所溺，便是这个道理。日本茶人对建水（滓方）一丝不苟的设计和追求，值得我们学习与借鉴。忽微的细节以及对待器物的态度，决定着一个茶席的成败。不能因为滓方的功能看似不重要，便粗制滥造，或布置得马虎凑合，而不去尽善尽美。

在茶席的设计中，我经常用器高为11cm的民国桃花仕女渣斗充当滓方，席间会因之摩荡着清贵之气。几案之珍，得以赏心而悦目。精美灵巧的茶器，可有效改善茶席的美学氛围，提高茶席的品位与可观赏性。


## 席布，一方天地

席布，是营造茶席天地中的一方素巾，或竹或麻，随心细择，点缀衬托。席布不仅用于装饰、调节茶席的色调，而且也是确立茶席空间中心区域的标志。

　　在茶席的空间里，一方席布象征着大地，承载安放着茶器，调和着茶席的色调。茶器的上方，相当于是茶席的天空。泡茶人与品茶人主客分列，诗意地栖居在茶的天地之间，安然享受着一杯茶的清芬甘甜。

　　茶与茶汤、茶器与插花、还有我们，都是茶席不可或缺的角色。席布及其他茶元素的存在，本是为了营造茶席的色调与氛围，衬托表现四季的变化、茶器的质感、茶汤的通透、席花的野逸等，让我们在视觉上产生美感，使品茶的生活艺术化，进而更容易亲近或走进茶道的美学空间。

　　一个完整的茶席，从空间上看，应分为天、人、地三个部

霁红盖碗配铜茶托。

分。茶席的席布是铺垫属于地，地要厚重，主承载。因此从桌面的装饰开始，茶席的层面，就包括席布、茶托、茶杯等，三者依次向上，色彩的明亮度应该越来越高，颜色逐渐趋浅。例如：从黑、灰、蓝向上逐渐由深及浅过渡到白色，这种自然的秩序，符合清轻向上为阳为天、重浊下降为阴为地的传统理念。

席布的颜色选择，通常的底层铺陈是，以有重量感的冷色最佳。也可根据茶事活动的要求、茶类的不同、季节的变换、空间的差异等因素，点缀搭配不同颜色和不同质感的席布，但一般不能超过三种色彩，颜色更不宜花哨，淡雅素净为上。五色令人目盲。我们试想，如果席布的色彩过于繁多，图案又过于华丽，席布的面积占比又非常大，在视觉上势必会影响到其它茶器的表现，也会严重扰乱茶席上其他茶器应有的色彩比例。色彩的搭配之美，在于色彩的对比与调和。因此，在规范的茶席上，尽量不要使用色彩绚烂的花布，以减少席布错综复杂的色彩和图案对视觉造成的干扰，这也符合茶席设计必须遵循的视觉极简原则。如此，在厚重素净的大地上，才能盛开出雅致而又赏心悦目的花朵，茶汤、茶器在茶席上才能重点突出。

记得诗人席慕蓉曾经谈起，为什么在一望无垠的草原上，她们喜欢穿红色的衣袍？根本原因在于，身穿色彩鲜艳的衣袍，骑行在蓝天、白云与莽莽绿野中，不容易被辽阔的草原所吞噬、所淹没，这就是对比、衬托的力量。茶席之理，亦复如是。

## 洁方，受污拭盏

洁方，又称茶巾，是用来擦拭茶器外壁及吸附茶席上的滴水等。陆羽在《茶经》中写道："巾，以絁为之。长二尺，作二枚，互用之，以洁诸器。"陆羽写得很明白，茶巾是作为拭盏洁器之用的。当时的洁方，用的是粗糙的丝绸，吸水效果不如现代的素面棉麻细布。在日本茶席里，洁方还存留着唐代的影子，很

有仪式感。主人在点浓茶之前，要当着客人的面，用洁方细心郑重地擦净每一件茶器。

宋代审安老人的《茶具图赞》，把洁方称之为"司职方"，名成式，字如素，号洁斋居士，进而赞曰："互乡童子，圣人犹且与其进，况端方质素，经纬有理，终身涅而不缁者，此孔子之所以与洁也。"其中的"式"，是指拭擦。染而不黑，故名如素。端正洁白，又称洁方。

明代张源的《茶录》和许次纾的《茶疏》，均提到过洁方，称之为拭盏布，是在饮茶前后，擦拭茶盏内壁的专用细麻布。在科技发达、消毒条件较好的今天，我不赞成再用洁方去拭擦茶盏的内壁，这毕竟还是触犯了卫生之大忌。我赞同明代闻龙的做法，他在《茶笺》中说："茶具涤毕，覆于竹架，俟其自干为佳。其拭巾只宜拭外，切忌拭内。盖布帨虽洁，一经人手，极易作气。纵器不干，亦无大害。"我们在今天，高温消毒柜这一利器，已经随处可见，洁方的作用，只宜用来拭擦茶器外壁的水渍、茶席上的滴水等。除此，洁方的存在，更多是种仪式感。

明代程用宾在《茶录》里说：洁方，"拭具布，用细麻布有三妙：曰耐秽，曰避臭，曰易干。"洁方，在茶席上极不显眼，却是不可或缺。它无足轻重地藏于茶席一隅，默默无闻，倒也安

然恬淡。洁方的颜色，古人多用白色的丝绸或是黄色的细麻布。当下的茶席，洁方的选择，还是"如素"最好，不要过于鲜艳、耀眼，尽可能与席布同色，不显山露水为佳。

明代高濂的《茶笺》，把洁方称之为受污，用以洁瓯。洁方甘愿受污，有卧薪尝胆、忍辱负重的意味。它常常会给我如此的启示：像人，没有承受孤寂的能力，便无法安之若素；又如淤泥里盛放的荷花，看取莲花净，应知不染心。

如果您是一位心灵手巧的女子，不妨为自己缝制几块别具一格的洁方，从选材、设计到制作，亲力亲为，寻常之物中便赋予了自己的审美与情感。一针一线总关情。这种带着自己的思考与体温的洁方，在茶席上便具足了自己的气质和味道。

## 盖置则置，心所安处

苏轼有诗："此心安处是吾乡。"道出了盖置和则置在茶席上的感觉与作用。

盖置，是安放茶壶（盖碗）盖子的器物。则置，是安放茶则的小品。茶性净洁，又是入口之物，当席布是构成茶空间的大地时，茶席上的任何元素，都要有归宿、有依托，才会令人踏实安稳。壶有壶承，杯有茶托，则倚则置，壶盖就一定要有盖置。

泡茶时，置茶注水，茶壶（盖碗）都要首先打开盖子。只有有效地解决了壶盖（碗盖）的去处问题，我们才会心神安定，有条不紊地去泡好一盏茶。此时，茶席上的盖置与则置的存在，不仅仅是一个卫生问题，而且也是一个平抚、安定内心的哲学问题。器物虽小，不可或缺，却也是不容小觑。以小见大，细微之处见真章。

盖置和则置，是隐入席间的茶玩具，不能有异味，也不必太珍贵，有趣味耐把玩最好。我常用的盖置，是一段有节的斑竹或紫竹，暗示爱茶人要虚竹有节。我常用的则置，是一块瘦长陋皱、形如弯月的风砺玛瑙石，色泽黑红，包浆厚润，那种沧桑风骨的岁月感，常常让我联想到它的前世，在风沙中砥砺千年的磨难重重。这又多么像茶啊！在高温的杀青中脱胎换骨，在炭火的炙烤中凤凰涅槃。

我有一友，喜欢用和田玉的扳指作为盖置，由茶爱玉、识玉，爱屋及乌，这便是习茶的益处和功德。习茶的不寻常之处，在于能从多个层面，借由茶为我们打开认识、感受、学习传统文化的一扇窗户，以便窥其门径，从而放缓我们生活的节奏，让传统文化去慢慢浸润、滋养我们的心性。

## 茶仓，藏娇贮香

小茶仓，又称茶罐，在日本茶也叫茶入。茶席上的茶仓，要求精致、耐看、体积小。每个茶仓，大概能盛装一两泡茶的容量，并要求在短时间内喝完，或满足茶席当下之用即可。

陆羽在《茶经》里记载过茶盒。其中写道："罗末以合盖贮之，以则置合中。""其合以竹节为之，或屈杉以漆之。高三寸，盖一寸，底二寸，口径四寸。"从中可见，陆羽描述的茶盒，多是用竹子或杉木制作的，大约口径为12cm，高9cm，容积

还是比较大的。

最接近对茶席茶仓定义的，要数明代《茶疏》里记载的小茶罂。罂，是口小腹大的瓶，利于储茶的密封性。许次纾写道："日用所需，储小罂中，箬包苎扎，亦勿见风。"从储茶"不过一夕，黄矣变矣"来看，小茶罂就是为了满足茶席当下之用的。在山西汾阳出土的金代王氏墓壁画的备茶图中，一僮仆双手捧盏，而另一僮仆手持茶筅正在点茶，茶桌上就放着执壶、盏托、及小茶罂。

蔡襄《茶录》写到藏茶："茶宜箬叶而畏香药，喜温燥而忌湿冷。故收藏之家以箬叶封裹入焙中，两三日一次用火，焙如人

体温温，则御湿润。若火多则茶焦不可食。"《茶录》记载的焙茶之频繁，的确是宋代爱茶之人的无奈之举。古代缺少现代的密封材料，茶又忌潮湿，因此，从唐代至明代，茶叶的密封，多用自带清香的竹木以及陶、瓷罐储存，封口多用箬叶塞紧，密封性较差，故日常需要频繁焙火。

明代以后，随着锡器的广泛应用，很好地解决了储茶的密封问题。张源在《茶录》里写到分茶盒："分茶盒，以锡为之，从大坛中分用，用尽再取。"此处的分茶盒，与许次纾的小茶罂功能雷同，都近乎于我们茶席上的小茶仓。上文提到的"大坛"，是张源的大型储茶器，其口仍旧是"以箬衬紧"的。

张源《茶录》里又说："茶道，造时精，藏时燥，泡时洁。精、燥、洁，茶道尽矣。"这里的茶道，不是指形而上的茶道，而是指做茶、泡茶、藏茶的道理与方法。安全的藏茶，不仅需要干燥，以降低茶叶的含水率，而且需要避光。茶席上的茶仓，是个临时盛装茶叶的器皿，对密封性能的要求不是太高。因此，在很多茶会上，我们经常会自己动手，用宣纸叠制临时的纸袋盛茶，以此来代替茶仓。纸袋的好处，是便于按照泡茶的次序，书写该茶的年份、名称、泡法及其编号等。

我多次在茶席上用过的茶仓，是一件清代的温酒器，容器口径宽阔、圆整，便于盛装条索较大的茶叶，且装取茶叶时相对方便。其画面，是清代浅绛名家汪章的仕女图，轩窗下，书案前，

一器多用，善巧借物。

有一神情娴静的仕女，低眉信手，若有所思。或许是相思，是闲愁，才下眉头，却上心头。该温酒器内，还有配有一只原装的粉彩老酒杯，画面是一个可爱的童子，沽酒归来，恰好成为我茶席上的品杯。

我也喜欢用日本备前烧的茶入，象牙盖子，低调素净。备前柴烧的迷人之处，在于不彩绘，不上釉，茶入表面的窑变，是靠窑烧的火焰和落灰自然形成，富有古风雅趣。茶入最早起源于中国，盛行于日本。在日本，茶入分为唐物与和物。在五百年前的日本战国时期，那时的茶人们，主要使用从中国进口的少量唐物柴烧小茶仓。

茶入，因此十分珍贵。拥有一定级别的名唐物茶入，曾是日本武将身份和权势的象征。即使到了江户幕府时代，茶入仍是地方大名与将军家关系远近的证明物，只有德川一族或者谱代重臣，才会拥有将军下赐的名贵茶入。

茶仓，是当代茶事中的必备之物。锡制茶仓有保鲜效果，银质茶仓能够抑菌。如果选用木质、铜制或纸质的茶仓，要注意杂味对茶可能造成的影响。

茶仓在茶席上的位置，比较自由。只要方便取茶，不影响泡茶，精美的茶仓，便是茶席构图中的一枚自由的棋子。若是布置、运用得当，茶仓会很好地起到平衡茶席布局、增强画面感的作用。茶仓的体积，以小巧精美为佳。若是茶仓的体量稍大，其器型的选择，要避让开花器和滓方的形制，避免三者在形制上的雷同，从视觉上更具差异化的美感。

## 都篮，整理收纳

都篮，又称竹篮，古代主要用来盛放茶器或者酒具。在茶席上，都篮是茶人的标签。一件制作精巧、雕刻精美的老都篮，带着那个时代的气息和味道，立刻会使它的新主人变得古典蕴藉、温润内敛，这是茶的力量，也是器的熏染。

宋代《十八学士图》中，
左下角摆设一只都篮。

唐代，据《茶经》记载："都篮：以悉设诸器而名之。"陆羽在《茶经》里说，都篮是因存放各种茶器而命名的。它高一尺五寸，长二尺四寸，宽二尺，比另外一种盛放茶器的圆形竹器"筥"要大些。在茶器不多的时候，筥是可以替代都篮使用的。

中唐时，封演在《封氏闻见记》写道："楚人陆鸿渐为《茶论》，说茶之功效并煎茶、炙茶之法，造茶具二十四事，以都统笼贮之。远远倾慕，好事者家藏一副。"封演的记载，可视为是

河北宣化辽墓壁画，
左侧两仕女执朱红托盏，
其右侧为一都篮。

对《茶经》都篮的进一步诠释。

在宋代的茶事中，都篮的使用，仍一以贯之。刘挚《煎茶》诗有："饭后开都篮，旋烹今岁茶。"宋代梅尧臣《尝茶和公仪》诗云："都篮携具向都堂，碾破云团北焙香。"晏殊也有《煮茶》诗："稽山新茗绿如烟，静挈都篮煮惠泉。"

明代，钱椿年的《茶谱》记载："茶具十六事收贮于器局，供役苦节君者，故立名管之，盖欲统归于一，以其素有贞心雅操，而自能守之也。"此处的器局，就是都篮。高濂在《遵生八笺》中也提到过器局，"竹编为方箱，用以收茶具者。"乐纯在《雪庵清史》中写道："陆叟溺于茗事，尝为茶论，并煎炙之法，造茶具二十四事，以都统笼贮之。时好事者家藏一副，于是若韦鸿胪、木待制、金法曹、石转运、胡员外、罗枢密、宗从事、漆雕秘阁、陶宝文、汤提点、竺副帅、司职方辈，皆入吾籯中矣。"此茶籯，也是特指都篮。这里要注意，历史上的多数茶籯，一般是指采茶的竹篮。对此，苏轼曾有诗："闻道早春时，

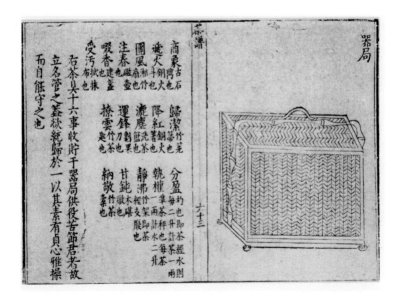

器局及茶具十六事。

携籝赴初旭。惊雷未破蕾，采采不盈掬。"许次纾在《茶疏》中，还写到过一种"特制游装"，从中也能看到都篮的模样。《茶疏》在出游一篇写道："余欲特制游装，备诸器具，精茗名香，同行异室，茶罂一，注二，铫一，小瓯四，洗一，铜炉一，小面洗一，由副之。随以香奁小炉香囊七箸以为丰肩，薄瓮贮水三十斤，为半肩足矣。"

到了清代，都篮仍在使用，但其功能上有了增加，也会用来盛放酒器或香器。朱彝尊有诗："都篮茶具列，月波酒槽压。"蒋麟昌的《南乡子》写道："小凤贮都篮，一盏旗枪雨后甘。"

茶席有竹，韵致倍添。近代的都篮，随着茶器的逐步变小而做了许多改良，变得更加轻巧雅致，更适于携带了，于是，都篮也成了茶席上一道幽美的风景。都篮以其质地自然清润，既可收纳茶席上的多余茶器，使茶席变得疏朗简约，又能以其清雅本色融入到茶席之中。一只精巧清丽的都篮，可放置于茶席的一角或是一侧，又可妙用为插花器具，也能替代茶棚使用，可谓一物多能。茶棚又叫茶架，其功能类似《茶经》记载的"具列"。"具列者，悉敛诸器物，悉以陈列也。"朱权在《茶谱》中写到过茶架："予制以斑竹、紫竹，最清。"

都篮，既美观便捷、环保耐用，又能培养茶人细心收纳、整理茶器的习惯，故近年来，受到很多爱茶之人的青睐。如是一位妙龄女子，夕阳西下，手提都篮，拖着身影，自茶会上缓缓归

斑竹具列。

来，便无意间融入了陆游的诗境："细啜襟灵爽，微吟齿颊香；归来更清绝，竹影踏斜阳。"

## 花器，移花栽木

在茶席上，包括花瓶、竹篮、碗、盘、盏，甚至茶壶、茶杯等，凡是能与茶席的元素相关或是能够相互融合的，都可作为花器使用。

以竹篮、竹器、碗、盏等作为花器的插花形式，可能会用到剑山或是花泥，用以固定、束缚花枝，完成插花的构图和造型。

自古至今，鉴于茶席插花的形式，始终受到传统文人插花的影响与熏陶，故在花器的解读中，把花瓶作为重点，略作阐述，窥一斑而知全豹。

茶席上花器的选择，既要考虑到花瓶的色彩、高低、所占茶席的比例大小，又要关注花瓶与花卉的互衬映照，能否突出花材之美？能否与花卉联袂形成一个审美整体？花瓶与花卉可否在有限的自然空间里，在茶席的背景里，展现出逸趣与悦人的无限之美？因此，张谦德在《瓶花谱》里首言："凡插贮花，先须择瓶。"袁宏道在《瓶史》中强调："养花瓶亦须精良。""尝见江南人家所藏旧瓿，青翠入骨，砂斑垤起，可谓花之金屋。"瓷器"细媚滋润，皆花神之精舍也"。袁宏道甚至把插花之瓶，比喻为美人之所。由此可见，花器选择得适宜与否，攸关花卉之美之韵的呈现。其重要性，不言而喻。而花器的选择，以清雅别致为上。"贵瓷、铜，贱金、银，尚清雅也。"这种文人插花对花

器的审美与茶席的审美要求，本是同根生，完全可相互借鉴。

局限于常规茶席的空间尺度，花器的高度，不宜超过350mm。花瓶的高度若是超过了350mm，假如是直立的花型，其总高度可能要超过700mm。高瓶大枝与品茶人的视野不相匹配，也与茶席的整体比例难以协调。若是横斜的花型，高瓶需要匹配的与之对应的花枝，在茶席上可能会遮掩品茶人的视线，对席主的分茶轨迹，也会形成阻碍。明代屠隆在《考槃馀事》里说："堂需供高瓶大枝，方快人意。若山斋充玩，瓶宜短小。"屠隆的观点，充分考虑了瓶花高低与所居空间大小的恰当搭配，各得其宜。同时，张谦德和袁宏道也强调书房斋室，花器的选择，宜矮而小，形制短小的方入清供。而明代文人典型的饮茶空间——茶寮，比山斋、书房还小，如文震亨《长物志》所讲："构一斗室，相傍山斋，内设茶具，教一童专主茶役，以供长日清谈、寒宵兀坐，幽人首务，不可少废者。"据我考证，古代文人常用的矮小插花器，大致在200mm~400mm之间。古人通过实践得出的这个尺寸，对我们今天茶席插花的择器，有着很重要的参考与借鉴作用。

茶席上的花瓶，应首选传统经典、重心稳定、造型简洁、线条精练、素身无刻画的。花器颜色的选择，最好是色调一致、纯净淡雅、色差不大的单色釉，如通体黑色、红色、藕荷色、白色、月白、天青、淡黄等。质感较强的花器，在茶席构图中，还

能起到重心平衡的作用。另外，花器不能只重外观精致，从而忽略了因花器的重心不稳定、对茶席上主、宾心理造成的不安定感等消极影响。瓶花整体的构图重心，要尽量落在花器的竖向中轴线左右。和谐平稳的插花，在视觉上无倾覆感，方可使品茶人的心境保持自在安定。"惜春只怕春归去，多插瓶花在处安。"因此，张谦德择瓶，注重"口欲小足欲厚，取其安稳而不泄气也"。

在茶席上，我偏好使用摇铃尊瓶、小梅瓶、胆瓶等插花，因其口小、精巧、足稳、釉厚、淡雅、安稳、好用，是茶席上百搭的妙器。

我试着分别用釉面开片和不开片的月白色摇铃尊瓶，插同一枝娇黄半放的蜡梅花，经仔细比较后发现：对于素雅的花卉而言，釉面不开片的花瓶的表达效果要好于釉面开片的，从视觉上会感到、釉面不开片的整体显得更加淡静文气。可见，花器表面的不同装饰，在不同的场合，对于不同的花卉，所表达呈现的艺术效果是不尽相同的，这些细微之别，需要引起我们的关注。

茶席美学，诗情画意

茶的性灵与性洁，可与幽人共言。
茶席清雅，似淡而实美。

## 茶性本俭，衣着素雅

陆羽提出的"茶性俭，不宜广"，"为饮最宜精，行俭德之人"，均包含了茶道即人道的美学与哲学理念。唐代韦应物的《喜园中茶》诗："洁性不可污，为饮涤凡尘。此物性灵味，本自出山原。"赞美了茶的性灵与性洁，可与幽人共言。茶席清雅，似淡而实美，作为茶席的主人，衣着的选择，应当与茶的俭洁相称，色调宜与茶席相和，调和中要有对比。

唐代《封氏闻见记》记载：御史大夫李季卿宣慰江南，"既到江外，又言鸿渐能茶者，李公复请为之。鸿渐身衣野服，随茶具而入。"其中讲的是，贵族李公请陆羽演示煎茶道，茶圣陆羽身穿非常朴素的衣服，像山野里的樵夫耕农。茶仙卢仝的七碗茶诗里，也写到自己喝茶的情景："柴门反关无俗客，纱帽笼头自煎吃。"茶中的一圣一仙，一个身穿野服，一个柴门里纱帽笼头，都是何等的素朴，他们用自己对茶的信仰和实际行动，践行着"茶性俭"的本质。南宋诗人陆游，在"晴窗细乳戏分茶"时，也是在临安的杏花春雨中一袭素衣，曾发出过"素衣莫起风尘叹"。

宋徽宗的《大观茶论》序曰："天下之士，励志清白，竟为闲暇修索之玩，莫不碎玉锵金，啜英咀华，较箧笥之精，争鉴裁

之妙。虽否士于此时，不以蓄茶为羞，可谓盛世之清尚也。"励志清白，其实也是宋徽宗对爱茶之人提出的一个很高的要求，并渐渐成为宋代以降爱茶之士的高贵品质。山中无尘自清白。一个心性清白的人，焉能不品行如茶、衣着素雅？

"庭深关竹雨，衣润染茶烟。"茶汤润心，茶烟熏人，茶与人也是熏陶渐染，相互浸润。茶宜淡中有味，香以幽远为雅，淡雅为茶中三昧。这种于茶的审美，反映投射到爱茶之人的衣食住行上，自然是清凉在口，淡和在心，素雅在衣，娴静在行。明代冯可宾在《岕茶笺》中指出：茶忌"冠裳苛礼"。幽人韵士，茶烟香篆，山童煮茗摘松焚，堪寄高斋幽赏。从文徵明的《品茶图》中，我们能够读出：碧山深处，溪流几曲，松风

文徵明的《品茶图》。

桧雨中，竹篱茅舍里，山野茶席上，主客品茗的闲雅，衣着的散淡，茶境的绝俗。

清代，汪士慎在《幻孚斋中试泾县茶》中写道："共向幽窗吸白云，令人六腑皆芳芬，长空霭霭西林晚，疏雨湿烟忘客返。"诗中描述的茶人，在空林疏雨中，一定是一身素衣，心与茶契，人与景合，旷达萧散，淡泊其中。

机器大工业的发展，使得今天的棉布、麻布、丝绸等，无论质地还是颜色，都达到了历史的较高水平，为我们恰如其分地选择品茶的服装、材质，提供了极大的便利条件。俭洁素雅的美，始终是与茶相应的主旋律。能否理性地选择恰当的衣着，既要与茶席的氛围相融和，又能展现出自己的茶人气质，还要表达出茶的底蕴与美感，确实考验着一个人的审美和智慧。


## 腹有茶汤，气质自华

白居易在诗中自述："不寄他人先寄我，应缘我是别茶人。"数千年来，被茶汤润泽着的爱茶人，始终有种清雅别致的气韵，表现在布席、备茶、煎水、分茶、涤具、收纳的举手投足之间，一期一会之中。

唐末刘贞亮说"茶有十德"。其中的"以茶散郁气，以茶养

生气，以茶除病气，以茶利礼仁，以茶修身，以茶雅心，以茶行道"，明确说明了习茶可以改善人的气质，就像经常诵读诗词一样，耳濡目染，潜移默化，久之便会"腹有诗书气自华"。明末李日华在《六研斋三笔》中说："洁一室横榻陈几其中，炉香茗瓯，萧然不杂他物，但独坐凝想，自然有清灵之气来集我身，清灵之气集，则世界恶浊之气，亦从此中渐渐消去。"清气不升，浊气不降，人体肺脏的生理活动，本是吸清吐浊，吐故纳新。饮茶也是同理，齿颊带余香，謦咳总成珠玉。火去燥降，洗却尘俗，人淡如菊。

在日本，如果赞美某人有文化、有修养，就言必称某人肚子里有茶汤。茶汤、书韵，都是医人之愚和养浩然之气的良药。黄庭坚曾说："三日不读书，便觉言语无味，面目可憎。"一日不饮茶，便觉口干舌燥，了无生气。如同元代耶律楚材所讲："积年不啜建溪茶，心窍黄尘塞五车。"其实，读书与喝茶，益于身心的不是其存在形式，而是通过书与茶的润物细无声，释怀祛燥，以安顿性灵，培植静气，颐养和气，进而温润我们的身心，完善我们的人格，增加人生的厚度，拓展生命的高度。

陆羽《茶经》里说："茶之为用……聊四五啜，与醍醐、甘露抗衡也"。卢仝诗曰："一碗喉吻润，两碗破孤闷，三碗搜枯肠，四碗发轻汗，五碗肌骨清，六碗通仙灵。"卢仝的七碗茶诗，对陆羽的喻茶为醍醐和甘露，作出了详细而又深刻的注解。一个人，一盏茶，喉吻滋润了，全身才能舒展。茶破孤闷，消烦忧，益文思，发轻汗，身心通畅，何病之有？五碗茶时，茶入百脉，肌骨为之清丽。再饮，便可通仙灵，两腋生风，飘飘欲仙了。

董其昌在为夏树芳所著的《茶董》一书题词时说："陶通明曰：'不为无益之事，何以悦有涯之生？'余谓茗碗之事，足当之。"董文敏把茶与人生，看得真透。一个得了自在的茶人，神清气爽，肌骨清丽，心无尘埃，面无阴郁，有诸内必形之于外，焉能不气质美如兰？让我们再回味一下，石屋清珙的山居诗："禅余高诵寒山偈，饭后浓煎谷雨茶。尚有闲情无著处，携篮

过岭采藤花。"禅师饮过茶后，便携篮过岭，闲采藤花，装点茶室，这种因茶而生的仙风道骨，又岂是苍白的语言能够描述出来的？

由此可见，在文人雅士的心目中，茶已不是单纯的口腹之欲。品茗作为安顿身心的一种寄托，它是清雅闲事，全然无关饥馑、功利、浮名，只为隔开世俗纷扰，活泼其感觉，宣和其情

志，使人在困窘、落魄、孤独时，能够怡然自适，不以物喜，不以己悲。如清代李渔所说："眼界关乎心境，人活泼其心，先以活泼其眼。"茶能悦目爽口，自然可以清心怡神，以此可以摆脱物欲情累，杖藜行歌，岂不快哉！

明末诗人杜浚曾说："茶有四妙，曰湛、曰幽、曰灵、曰远，用以澡吾根器，美吾智慧，改吾闻见，遵吾杳冥。"茶为清物，足可移人性情。而习茶人是茶席的主角，端坐凝神、微笑向暖、安之如素，瀹茶分茶的动静相宜、低调内敛，皆是茶席最动人的细节。

## 茶姿婀娜，犹如佳人

在不同的历史条件下，不同的品饮方式，不同的审美标准，决定着茶的外形的各异。而不同的制作工艺，不同的茶类，均展示着迥然相异的茶姿美。

我们可以去遐想，在没有火、没有铁锅杀青的远古时代，茶的外形一定是原始的、松散的，类似今天不揉不捻的白茶类，散发着茶树本真的远古的青味、真香。

当茶走进了繁荣的唐宋时代，茶叶加工的主流方式，是蒸青压饼。唐代茶的大概模样，李白在《答族侄僧中孚赠玉泉仙人掌

高级白牡丹。

绿茶的芽叶青翠。

茶》序中有过描述："余游金陵，见宗僧中孚，示余茶数十片，拳然重叠，其状如手，号为仙人掌茶。"关于唐代茶饼的色泽，郑谷有诗云："入座半瓯轻泛绿，开缄数片浅含黄。"片状茶饼的绿中泛黄，恰恰也是早春绿茶的外观特征，当然也与炭火干燥有关。宋代，范仲淹在《斗茶歌》中，摹写团茶之美，诗曰："研膏焙乳有雅制，方中圭兮圆中蟾。"摘鲜焙芳、用饼模压制的团片状茶饼，有着精致的龙凤图案，其外形方如玉圭、圆如蟾宫的月亮。至于煎茶或点茶的茶末，唐代李群玉有诗："碾成黄金粉，清嫩如松花。"郑遨有："惟忧碧粉散，常见绿花生。"宋代林和靖有："石碾轻飞瑟瑟尘，乳花烹出建溪春。"苏轼也有："蒙茸出磨细珠落，眩转绕瓯飞雪轻。"从上述诗句可以看出，当时茶饼碾出或磨成的茶粉，多为黄绿色或翠白色。当然，在唐代也有翠绿色的芽茶存在。陆希声《茗破》诗有："春醒酒病兼消渴，惜取新芽旋摘煎。"

明代以降，六大茶类相继出现，精彩纷呈。绿茶的外形，从单芽到一芽一叶、一芽两叶、一芽三叶，分别赋以莲心、旗枪、雀舌、鹰爪之美喻。明末陈眉公形容绿茶有诗："绮阴攒盖，灵草试旗。""水交以淡，茗战而肥。"清代，梅庚赞美安徽敬亭绿雪芽有诗："持将绿雪比灵芽。"女尼安生描写碧螺春为："绿润涵灵气，清芬带露华。"当然，赞美绿茶也不能少了乾隆皇帝，其诗云："何必团风夸御茗，聊因雀舌润心莲。"又

碧螺春的芽毫似雪。

有"鱼蟹眼徐漂，旗枪影细攒。"其他的，还有"蟹汤负盏斗旗枪"，"茶瓯绿泛雨前芽"，等等。瀹泡绿茶之美，给我最细腻的感受，就是杜甫描写春天的诗句："嫩蕊商量细细开。"色绿、形美、味鲜的绿茶，在春天里倚竹吐翠，带给我们的，永远是勃勃的生机之美与由衷而生的诗词妙心。

黄茶给我以秋深的感觉，芽色金黄，满披白毫，有金镶玉之美。《红楼梦》中，贾母年老喝不了性寒的六安绿茶，妙玉为她准备的老君眉，大概就是香醇温和的君山银针。君山银针，是采用湖南洞庭湖君山的头春嫩芽制成的黄茶，满布毫毛，形如弯眉故名。黄茶衰微日久，好茶难觅。为了做出一批名副其实的传统黄茶，近几年，我不惜代价，精选蒙顶山高海拔的老川茶，在每年的清明前，都会尝试制作数十斤传统的蒙顶黄芽。单芽匀整，色泽嫩黄，白毫显露，味甘而清，花香幽远。最难得的是，在常温存放月余后，甜醇有加，竟然会有果香呈现。宋代文彦博《蒙顶茶诗》云："旧谱最称蒙顶味，露芽云液胜醍醐。"蒙顶黄芽甜醇里的花果香，是其他茶类少有的。这或许就是蒙顶味吧！可见，每一茶类，各有特色，各具其美，谁也无法取代谁。

白茶松散自然，芽似积雪，透着清凉之美。白毫银针入水的腾挪浮沉，如仙子凌波。白牡丹，两片碧绿的叶片、簇拥着胜雪

桐木关金骏眉。

的毫芽，宛如牡丹初绽。安吉白茶，绿中泛白，有白茶之名，却因烘青制作，归类于典型的绿茶行列。

红茶条索紧结，乌黑油亮，匀整肥厚的叶片，裹着淡黄色的芽尖，那是春天里生长的痕迹。毫密且显、色泽金黄的芽茶，非夏即秋。不同季节所产的茶叶，都会各自存留着不同的特征与味道。在红茶的家族里，尤数传统祁门红茶的苗锋紧秀、身材纤细，却是群芳里香气最高的。

"铁色皱皮带老霜，含英咀美入诗肠。"醇厚清香的青茶，外形粗壮，条索扭曲似龙，故又名乌龙茶类。待沸水润开之后，叶底绿叶红镶边，有华丽盛年之美，其色其香，容易让人联想起黄庭坚的诗句："花气薰人欲破禅，心情其实过中年。"在乌龙茶的家族里，外形最美的要数寒露前后的铁观音，皮色砂绿起霜，美似观音重如铁。

有着枯萎之美的老茶，叶片破碎，红、黑、灰、褐诸色并存，饱含着沧桑之气。遇沸水后却是光彩照人，令人刮目相看。水是茶的春天，无关茶的沧桑流年。沧桑而历经岁月的茶，如同阅历深厚的老友，总让人胃肠温暖、四体通泰。老茶、老友、老盏，皆因岁月温润如玉，蕴藉而绵长。

## 茶汤瑰丽，春意盎然

假如时光能够倒流，假如我们端起的，还是唐代煎出的那碗原汁原味的茶汤，此时我相信，我们一定会陶醉在彼时那碗隽永的茶汤里。聚浮在茶汤里的茶沫，"若绿钱浮于水湄，又如菊英堕于樽俎之中"。散布在茶汤里的汤花，"如枣花漂漂然于环池之上；如回潭曲渚青萍之始生；又如晴天爽朗，有浮云鳞然。"若是把茶末再继续煮沸，形成的茶饽，"则重华累沫，皤皤然若积雪耳。《荈赋》所谓'焕如积雪，烨若春敷'。"在唐代的茶汤里，白的是煮沸后形成的沫饽，绿的是悬浮的茶叶碎末。白如积雪、艳若春花的茶汤，让人不饮自醉。

宋代的主流饮茶方式是点茶，需要先煎水，后点茶，茶汤水乳交融，兔毫盏里，却是另外一番模样。宋代陈崖诗云："碧玉瓯中散乳花"，苏轼写道："烹茗僧夸瓯泛雪。"要论描写茶汤的生动可爱，当推刘过的"滚到浪花深处，起一窝香雪"。如是月近中秋，鹧鸪盏内，一定会是"照出霏霏满碗花"。如果更有闲情，可以学学古人，下汤运匕，别施妙诀，使汤纹水脉形成物像，玩玩茶汤的分茶游戏。宋代朱敦儒在《好事近》描写道："绿泛一瓯云，留住欲飞蝴蝶。"杨万里有诗："松梢鼓吹汤翻鼎，瓯面云烟乳作花。"文人喻良能也有关于茶百戏的诗句："故遣新茶就佳硙，要供戏彩满瓯云。"由此可见，宋代的点

茶，具有较强的娱乐性和较高的艺术性。其中的乳花、泛雪、香雪、满碗花、云等，都是指通过击拂、搅拌产生的细密泡沫。

元代，茶叶的揉捻工艺开始出现，为明清的乌龙茶、红茶等茶类的诞生，创造了必要的技术条件。

明清以降，当茶叶的瀹泡法成为主流，吃茶变成喝茶，茶汤里不再存有茶末，通透油亮的汤色，成为判断茶叶品质优劣的第一审美。

六大茶类出现以后，茶席上的色彩，开始变得怡红快绿、灿烂缤纷。汤色从淡绿、黄绿、橙黄、橙红、石榴红到酒红、血珀红，见微知著地反映着茶的制作工艺、发酵程度、焙火高低、陈

化程度，等等。喝汤不吃茶的便捷瀹泡法，丰富了茶席的视觉色彩，但也缺少了茶汤"花乳清冷偏知味"的厚度与质感。

## 茶景如画，蕉荫竹翠

"更作茶瓯清绝梦，小窗横幅画江南。"陆游的这句茶诗，十分恰当地描述了茶席对幽美环境的要求。要营造一个清绝且有画意的茶席，是需要江南的青山隐隐、碧水迢迢、粉墙花影、草木盈窗，来作为茶席的背景衬托与装饰的。大部分的都市人，局限于城市的人声鼎沸、绿地狭窄、拥堵逼仄，我们更多的茶席选择，可能会以室内为主。如果不能像郑板桥那样，"买尽青山作画屏"，我们就要学会开动脑筋，自己动手，去创造可行、可望、可

明代钱毂的《秋庭赏花》局部，朱红茶托上，承载的是明代以白为贵、以小为佳的小茶盏。

赏、可居的茶境，引人入胜，娱己乐人。

简单地回望一下茶饮的历史，我们就会发现，远在唐代，人们已经非常注重茶席的择境了。唐代顾况《茶赋》中说："杏树桃花之深洞，竹林草堂之古寺。"这才是尤助饮茶的理想环境。鲍君徽与友人的东亭茶宴，选择在"幽篁映沼新抽翠，芳槿低檐欲吐红"的清雅美景里。灵一的《与元居士青山潭饮茶》诗，把茶境描述得更具禅意："野泉烟火白云间，坐饮香茶爱此山。岩下维舟不忍去，青溪流水暮潺潺。"从以上唐诗中，我们能够看到，竹林、花下、清泉、溪畔等，都是唐人品茶的好去处。

茶空间里的尺幅窗、无心画。

宋代茶肆兴盛，除了像唐代一样，选择闲适幽静的环境之外，宋人开始注重室内环境的营造，使得插花、挂画、焚香、分茶，共同成为文人雅士的四般闲事。李清照有"生香熏袖，活火分茶""莫负东篱菊蕊黄"之句。葛绍体有首梅花映窗的茶诗，与杜耒的"才有梅花便不同"，心有灵犀。他这样写道："自占一窗明，小炉春意生。茶分香味薄，梅插小枝横。"秦少游也有窗下喝茶的诗词："松然明鼎窗。"由此可见，宋人已经非常注重利用窗户的渗透，来沟通茶室内外的风景。这种围绕茶席的造境，即是所谓的"尺幅窗，无心画"。

明代茶席的择景造境，逐渐趋于精致隽永、清幽脱俗，茶席渐渐有了书卷气。尤其是茶寮的出现，成为了"幽人首务，不可少废者"。徐渭在《徐文长秘集》中，倡导茶境之宜："品茶宜精舍、宜云林、宜寒宵兀坐、宜松风下、宜花鸟间、宜清流白云、宜绿鲜苍苔、宜素手汲泉、宜红装扫雪、宜船头吹火、宜竹里飘烟。"船头吹火，舟饮之乐，独具明人特色。屠隆在《游具笺》中描述道："更着茶灶，起烟一缕，恍若图画中一孤航也。"《煮茶图》的作者王问，回归田园后，"予暇日，集彼童冠，乘轩出游。有藻可流，有茗可啜，清风可招，明月可弄。"张岱在《西湖七月半》里也写道："小船轻幌，净几暖炉，茶铛旋煮，素瓷静递，好友佳人，邀月同坐。"烟波浩渺中，这茶饮得可谓风月无边、不染纤尘。

与南京老崔，在九华山甘露寺的蕉荫下吃茶。

　　许次纾，在《茶疏》中也提出了最佳的饮茶时宜："明窗净几、风日晴和、轻阴微雨、小桥画舫、茂林修竹、课花责鸟、荷亭避暑、小院焚香、清幽寺院、名泉怪石。"屠隆在《娑罗馆清言》里对茶境的勾画，真的让人神骨俱清，"竹风一阵，飘扬茶灶疏烟；梅月半弯，掩映书窗残雪。"更令人称绝的是，在陈洪绶绘制的《品茶图》中，主人坐一硕大碧绿的芭蕉叶间，一瓶盛开的荷花旁，客人坐于清奇怪石之上，恰如其分地践行了刘禹锡诗中的"欲知花乳清冷味，须是眠云跂石人"的意境。主客二人，琴罢啜茶，香远益清，当属饮茶史上清雅之至的不二人选。

　　明代茶寮、茶席，风晨月夕，茗碗炉香，深得林泉之味趣。当今的茶席，若无一段山林境况，只以华丽相炫，便觉俗气扑人。生活在今天的人们，不可能像古人那样，潇洒自由地于风景绝佳处筑庐结社、吃茶清谈。我们当下的茶事活动，大多局限在空间狭小、缺乏诗意的室内。那么，如何在有限的室内，营造出雅致的茶席背景以及山野清趣呢？梨花疏影到窗虚。个人以为，首先要利用好茶室的窗子，窗子的开度，要尽可能地扩大，通过有限的窗户，把窗外的竹摇花颤、四时光影引入室内。晴窗滴露花摇席，这样就可营造出"静窗闻细韵"的佳境。半透的竹帘，即可调节茶室内的光线强弱，也能塑造出"草色入帘青"的幽深之感。悬挂的竹帘，如能呈现出均匀明显的竖向条纹，那可是最佳的装饰，可与室内横向的茶席平面，共同强化茶席空间里节奏分明的层次感。

茶室里，应莳四季花卉，栽常绿竹木，以展现出季节在狭小空间里的光阴流转。也可利用射灯，定点定向照明，用几竿绿竹、半树桃花、一截有形的枯木，在茶室的素壁上，创造出竹影婆娑、疏影横斜的光影。绮窗花影摇玲珑。如此，幽邃静寂的古意和意趣，便会在茶的美学空间里荡漾开来。

## 茶器雅赏，温润以泽

我们眼里的茶器，涵盖了煮茶、泡茶、分茶、品茶的器具，以及茶席上与茶事活动相关的物件。明代黄龙德的《茶说》写道："器具精洁，茶愈为之生色。"茶器，本来就是为茶而生并服务于茶的。既然茶器是服务、表现和衬托茶的器皿，那么，它除了具备形式的美，更重要的，要有合乎目的性的美。这种合乎目的性的美，就是茶器的功能美。

一件精致的茶器，它的外观美一定要服从于功能美，否则，这件茶器便是毫无用处，甚至成了多余的摆设或是累赘。因此，

我们在探讨茶器美的标准时，首先要体现在具体应用上。茶器要方便于泡茶、分茶、品茶等，器具触摸时，要给人以舒适的温润感、细腻感。其次，茶器要能准确无损地去表现茶与茶汤，不能因为器具的原因，影响了茶的色、香、味、形、韵的正确客观表达。

对于道由器传，明末王夫之讲得非常本质，"无其器则无其道"。茶道的表现与传播，即是由具备了形式美和功能美、并自然糅合了其他美学特质的茶器来完成的。

纵观中国的饮茶史，同时也是一部茶器的创新、发展史。在唐朝以前，茶具还没有上升到茶器的范畴。那个时候的饮茶方式比较粗放，尚停留在茶的食用或药用阶段，并没有完全上升到文化的层面。喝茶的器具，多为粗陶瓦盂，且体积、容量较大，并且是喝酒、吃饭、饮茶混用的，还没有诞生分工明确的专门的饮茶器具。陆羽在《茶经》中，收录了西晋八王之乱时，晋惠帝"蒙尘还洛阳，侍中黄门，以瓦盂承茶上至尊"的故事。贵为皇帝的晋惠帝喝茶，所用的瓦盂，其实就是古代盛装汤浆或食物的陶器，并非是专门的茶瓯。晋代杜育《荈赋》中所提到的饮茶器具，也仅仅是停留在"器择陶简""酌之以瓢"的原始层面上。

　　唐代陆羽的《茶经》问世以后，抛弃了煮茶过程中添加的葱、姜、枣、橘皮、薄荷等诸多调料，把茶饮从瀹蔬羹饮中提升出来，成为一种"越众饮而独高"的独特的文化饮品，丰富了人类的饮食和精神生活。此后的茶器和茶具，始才有了明确的分野。

　　据唐代封演的《封氏闻见记》记载，陆羽论说煎茶、炙茶之法，又造了二十四种茶器，以都统笼贮之。远近四方的爱茶人，见到后都非常倾慕，自然会纷纷仿效，每个人都会因拥有一套完整的茶器而自豪。有个叫常伯熊的人，不停地广为润色陆羽的《茶论》，于是茶道大行，王公朝士无不以饮茶为时尚。饮茶之风的兴起，刺激了对专用茶器的需求，而专用茶器的设计与推广，又同时提升了饮茶的品质和茶饮的审美情趣。

　　以茶瓯为例，唐代瓷器流行的基本格局为南青北白，以北方类银似雪的白瓷与南方如玉似冰的青瓷，最为受人瞩目。白居易欣赏白瓷为："白瓷瓯甚洁"，皎然也赞美"素瓷雪白缥沫香"。在颜真卿、陆士修、皎然等六人的月夜茶会上，所作的《五言月夜啜茶联句》中，陆士修有"素瓷传静夜，芳气满闲轩"的精彩联句。晚唐著名诗僧，齐己的《逢乡友》诗云："竹影斜青藓，茶香在白瓯。"上述诗中的素瓷，即是白瓷。从中我们可以看到，在唐代像皎然和白居易等人，还是喜欢用白瓷碗喝茶的。这是因为，即使到了唐代，细白瓷的茶器，因胎土含铁量较低，烧造难度极大，珍贵而不易得，因此会受到上层社会的青睐，甚至成为社会等级的体现。

陆羽《茶经》问世以后，陆羽"青瓷益茶"的观点，对于唐代煎茶品饮美学的构建，影响巨大且波及深远。陆羽认为越瓷类玉，这使得古代君子与玉比德、"言念君子，温其如玉"的美学思想，在茶器中得到了充分体现。他又言越瓷类冰，其冰清玉洁的质感，其实也是饮茶君子内在人格的外在表现。受制于当时制茶、炙茶、煎茶的原因，茶汤可能会因酚类物质轻微氧化而使茶汤绿中泛黄，即《茶经》记载的"茶作红白之色"。越瓷的青绿釉色，会通过遮掩、修饰而使茶汤及茶末更绿；会映衬得茶汤的沫饽更白，焕若积雪。

另外，陆羽也从茶碗的使用上，对邢瓷和越瓷的形制进行了比较。他说：越瓷的茶碗为上，是因为"口唇不卷，底卷而浅，受半升以下"。越瓷的茶碗，口沿不外翻，稍呈敛口，利于饮茶时碗沿与口唇的密切接触，唇感舒适，不易造成茶汤的撒漏。底卷而浅，首先是碗底稍稍外卷，使得茶碗具备较高的稳定性，端拿起来喝茶比较方便，也不易烫手。其次，碗腹稍浅一些，便于茶汤的一饮而尽，且碗底不易残留茶渣。

从唐代浩瀚的诗篇里，我们能读到很多对青瓷茶器的赞美之语，可视为是对茶器美学的有益补充。唐代徐夤《贡余秘色茶盏》诗云："巧剜明月染春水，轻旋薄冰盛绿云。"施肩吾在《蜀茗词》写道："越碗初盛蜀茗新，薄烟轻处搅来匀。"陆龟

唐代邢窑白色茶碗。

唐代越窑茶碗。

蒙曾这样赞美越窑："九秋风露越窑开，夺得千峰翠色来。"从出土的越窑瓷片，以及秘色瓷器的青绿色可以判断，"青中带湖绿，不留一丝黄"，这种纯净得不沾一点烟火气的青瓷茶碗，确实最利于唐代煎茶的茶汤欣赏。

陆羽说："洪州瓷褐，茶色黑，悉不宜茶。"在唐代，黑褐色的瓷器，由于含铁量高，色调不纯，烧制粗糙，价格低廉，因此多作为日常民用器具使用。令人意想不到的是，在唐代并没有多少发展前景的黑褐色茶器，到了宋代突然受到重视，并很快贵为贡品且发展到了极致。这又是为什么呢？道理其实很简单，主要原因在于，唐代鉴赏茶的美学标准，还是以青绿为上。黑瓷不仅贱为民器，而且无法完全呈现唐代煎茶的青翠之美。归根到底，还是功能和审美上的欠缺。

宋代是中国瓷器发展的一个高峰，也是钧、汝、官，哥、定等名窑珍品辈出的时代。但是，为什么上到皇帝下至平民，唯独钟爱通体施以黑色釉水的建盏呢？关键在于从唐至宋，品茶的审美标准，发生了颠覆式的变化，渐渐开始"茶色贵白"。因此，作为斗茶、鉴茶、赏茶、喝茶的工具，不是因为器具多么珍稀、多么难烧等原因，才会备受茶人们的珍视和推崇，而是在于这件茶器能否准确无误、恰如其分地去表现和表达彼时的茶与茶汤之美。

我们再来回望一下宋代的点茶、斗茶，其特点为：一斗汤色，二斗水痕。斗茶首先要看茶汤的色泽是否鲜白？纯白者为胜，青白、灰白、黄白为负。因为点茶的汤色，最易暴露茶的采制水准。茶汤纯白，是好茶的标志。茶汤的色泽偏青，说明蒸茶的火候不足；色泽泛灰，说明蒸茶的火候已过；色泽泛黄，说明采制不及时；色泽泛红，说明烘焙过了火候。其次，还要看汤花持续时间的长短。如果碾茶得当，点茶、点汤、击拂都能恰到好处，汤花就会细腻、水乳融合度好，且紧咬盏沿，久聚不散，这种现象名曰"咬盏"。反之，若汤花不能咬盏，而是很快散开，汤与盏相接的地方，会立即露出水痕，这就输定了。水痕出现的早晚，也成为评判茶汤优劣的重要依据。故宋代祝穆在《方舆胜览》中说："斗试之法，以水痕先退者为负，耐久者为胜。"

明确了宋代的斗茶规则，我们就能清楚，黑褐色的茶盏，在斗茶的过程中，尤其在其功能、色泽、审美上，确实具备了其他名窑所无可比拟的优越性。蔡襄《茶录》写道："茶色白，宜黑盏，建安所造者绀黑，纹如兔毫，其坯微厚，最为要用。出他处者，或薄或色紫，皆不及也。其青白盏，斗试家自不用。"祝穆在《方舆胜览》中说："茶色白，入黑盏，其痕易验。"黑釉茶盏与雪白的汤色，互相映衬，这种黑白分明的对比美，会让我们体悟到，建盏不仅是在使用功能上符合斗茶的需要，而且在审美上，也符合宋代理学"物皆各有耦"、崇理抑情，冷静深邃，向往淡雅，追求朴实无华的美学标准。

南宋吉州窑黑盏，定窑盏托。

得益于元代茶的揉捻工艺的渐渐普及，明代朱元璋废掉了团茶，简明自然的瀹泡法开始流行，逐渐淘汰了复杂的煎茶法和点茶法，人们喝茶开始变得更加简单、自然、快捷，不再去费力碾罗，也不用再去为衬托汤花的唐时绿、宋时白而绞尽脑汁了。明代文震亨在《长物志》里说："吾朝所尚又不同，其烹试之法，亦与前人异。然简便异常，天趣悉备，可谓尽茶之真味矣。"尤其是明清至今，随着六大茶类的陆续粉墨登场，泡茶法更加注重茶的滋味、香气、茶汤的色泽和清透度，因此，白色的茶杯开始备受推崇。另外，从所存文献和出土资料中，我们也能看到，唐宋的茶盏胎体厚重，容易快速吸收茶汤的热量，从而可能会影响到明代以降的茶的香气表达。这也是景德镇的薄胎白瓷茶杯，在明代以后迅速受到茶人追捧的重要原因。

从唐代的青瓷益茶，到宋代的黑瓷益茶，发展到明代以降的白瓷益茶，我们能够清楚地认识到，是随着制茶工艺、饮茶方式以及对茶的审美的变化，为了彰显茶、表达茶与茶汤之美，才从根本上导致了茶器的不断更新、不断变革。

近代，史学家连横在《茗谈》中写道："茗必武夷，壶必孟臣，杯必若琛，三者为品茶之要，非此不足自豪，且不足待客。"若琛杯，最早见于康熙年间。后人对若琛杯有如下概括：小、浅、薄、白。小则一啜而尽；浅则水不留底；色白如玉，用以衬托茶的汤色；质薄如纸，以使其能起茶香。对于孟臣壶，清初刘源长《茶史》记载："迨今徐友泉、陈用卿、惠孟臣诸名手，大为时人宝惜，皆以粗砂细做，殊无土气，随手造作，颇极精工。"由于孟臣善做小壶，因此，后世多把精致、小巧、玲珑的紫砂壶称之为孟臣壶。紫砂壶在明代正德年间的诞生，正是为了适应绿茶的瀹泡技法而出现的。自此，孟臣壶和若深杯，联袂形成了茶席画卷上的珠联璧合。

明代冯可宾在《岕茶笺》中说："壶小则香不涣散，味不耽搁。"文震亨在《长物志》里，也特别提到："壶以砂者为上，

静清和款，原矿朱泥梨形壶。

盖既不夺香，又无熟汤气。"而张谦德在《茶经》中写道："茶性狭，壶过大则香不聚，容一两升足矣。"以上三位茶学大家的建议，都同时表达了好的茶器，都具有"利汤扬香"的优点。也即是说，一把上佳紫砂壶的标准，首先要料纯、烧透，自身不能带有土腥、杂味。其次，要器小幽雅，既不能吸附、影响茶的香气，也不能因自身的气息而影响了茶的香韵的表达。最好能发挥出器物自身的特点和优势，去明显地改善茶汤，还原出茶的真香真味，准确地展现出茶的更多优点来。上述这种对茶器的基本要求，应该成为我们茶席上，鉴赏紫砂壶、品物择器的首要标准。

作为一件合格的茶器，只有在满足了其实用和利茶的基本功能之后，才能谈到外观的温润、色泽、结构、线条和比例等其他的审美。墨子曾一针见血地说："先质而后文，此圣人之务。"假如一把贵如黄花梨的椅子，如果缺少了一条腿，或坐着不稳定，或坐久了让人腰酸背痛；再如：一把紫砂壶，器型很美观，但经常出水不畅，或者不好取放，或是用低劣泥料低温烧成的。诸如此类的例子，还有很多很多。对于这些不能合乎器物的功能，或是实用性较差的器物，即使它的外观和纹理再美，也是种病态的、不健康的美。在自然界中，我们所能看到的那些健康的美，十之八九是因为合乎生命、功能而产生的。

玉器的文化和美学，始终贯穿着中国传统文化和陶瓷发展的始终。而茶器的外观美，表现为如玉、类玉、似玉。也就是说，茶器的釉色，要像玉一样温润，不能刺眼；胎体要像玉一样坚硬致密；叩击的声音，要像玉一样婉转动听。明代宋应星在《天工开物》里说："陶成雅器，有素骨玉肌之象焉。"清代朱琰的《陶说》也讲："坛盏色，以正白如玉为贵。"直到清末，学术界在研究瓷器的来龙去脉时，发现瓷器和玉器实为同宗同源之物。即在器具的发展过程中，先由陶器，铸造出周、汉铜器，再由铜器琢磨出玉器，然后模仿玉器，始才仿造出之后的瓷器，它们之间曾周而复始地更迭循环过。这种器物发展规律的揭示，为瓷器严格遵循着崇玉的传统，以是否如玉、似玉、类玉作为茶器的美学标准，提供了厚实而充分的理论依据。

## 茶烟袅袅，透窗荡尘

宋代王质写到茶的生长环境，有词《葛山溪》曰："因何嫩茁，舞动小旗枪，梅花后，杏花前，色香味三绝。"佳茗的韵高致静、致清导和，来自大自然的烟云供养。隐士与茶，多藏于名山大川、深山野泊，其中又多烟岚雾影，这使得烟雨中的山川多了幽深野趣。大自然的渲染，把茶与青睐烟云的隐士，很自然地联系在了一起，烟云慢慢成为了文人、隐士超脱闲逸的美学追求。

桐木关茶山里的云烟。

　　煮茶之处，必有茶烟。茶烟在历代文人骚客的诗境里，成为了咏之不绝的美的意象。最著名的茶烟，当数晚唐杜牧的《题禅院》诗："觥船一棹百分空，十岁青春不负公。今日鬓丝禅榻畔，茶烟轻飏落花风。"每每读之，口齿噙香，意象分明。

　　在古人的诗词里，茶烟主要是指生火煎水的烟气。唐代刘禹锡诗有："客至茶烟起，禽归讲席收。"宋代刘克庄诗云："多应午灶茶烟起，山下看来是白云。"王庭珪的茶烟，写得最是空灵，其诗曰："云藏远岫茶烟起，知有僧居在翠微。"朱熹也有

冬日負暄煮云窝老枞

《茶灶》诗："饮罢方舟去，茶烟袅细香。"清代郑板桥的《小园》诗，写得极富人情味，诗云："树里灯行知客到，竹间烟起唤茶来。"可见，茶烟在古代，不是茶汤里袅袅升起的蒸汽，是"吹嘘对鼎䥜""红炉炭方炽"的烟火气息，也是坐上客来的茶之信使。当然，茶烟在很多时候或在一定的语境里，也成为茶事活动的代名词。

明代陆树声在《茶寮记》中写道："择一人稍通茗事者主之，一人佐炊汲。客至则茶烟隐隐起竹外。"石上清香竹里烟。茶烟渐渐成为一个隔断红尘的隐逸、闲雅的缥缈意象。尤其是那影影绰绰、透着翠绿的竹里烟，隐去了多少的浮名功利、虚苦劳神。茶烟缭绕，其变幻莫测、行踪不定的动感韵致，在幽静的茶席上，容易触动我们内心诗意的敏锐的感觉。万物静观皆自得。在蔼蔼茶烟的浮动中，能够深切地体会到茶空间里相对的禅静。静故了群动，空故纳万境。袅袅的茶烟，牵引着我们的诗情与感觉，进而更容易体味到"静中有味淡如如"的茶悦，体悟到茶禅一味的妙趣。

在今日的茶席上，我们烧水多习惯用电炉、酒精炉等，很少再敲炭煮水、煎茶了，茶烟曾经的美好意象，已渐渐离我们远去。茶席上可以没有茶烟，却不能没有诗情与画意。因此，每一个爱茶之人，还是要尽可能地去留住茶烟，营造出茶烟在茶席上独有的禅味空灵景象。

还是无法忘记古诗词里的那些茶烟，有色、有形、有质、有感、有味、有象。"宝鼎茶闲烟尚绿，幽窗棋罢指生凉。"《红楼梦》里的茶烟，被潇湘馆里的修竹幽篁染绿了。此句与纳兰性德的"一缕茶烟透碧纱"，有异曲同工之美。唐代郑谷的"乱飘僧舍茶烟湿"，与宋代曾几的"安得僧舍雪，霏微湿茶烟"，都是被唐宋的霏霏雨雪湿透了的，氤氲然若水墨画般。最令人叫绝的是，黄庭坚《题落星寺》中的诗句："蜂房各自开户牖，处处煮茶藤一枝。"他把从窗户里袅袅升腾的茶烟，妙喻为枝枝盘曲而上的枯藤，真是逼真精微。如此佳句，或许只有爱好插花的袁宏道最懂。袁宏道在《从云峰寺至天池寺》一文中，描写庐山云雾的飘荡之态时，同样写道："少焉云缕缕出石下，缭松而过，若茶烟之在枝，乃若人物鸟兽状。"世间万般清雅，皆在一炉茶烟之中。茶烟，是茶席上具有立体感的深远风景，它和琴韵、书香、松风、蕉雨一样，颇可玩味，也是茶席上的弦外之音、味外之味。

## 逻辑构架，形生势成

园林艺术家陈从周先生在《说园》中指出："造园如缀文，千变万化。不究全文气势立意，而仅务辞藻叠砌者，能有佳构

2019年端午，在苏州网师园的茶席。

乎？文贵乎气，气有阳刚阴柔之分，行文如此，造园又何独不然。割裂分散，不成文理。"陈从周先生把造园比喻为写文章，我们可以借造园艺术来了解茶席。茶席是表现茶道美学的行为艺术，茶席的设计，也应像构建苏州园林那样，要讲究立意、布局、构图、气韵。因此，茶席在构思之初，能准确地去把握茶事活动的立意，对茶席的设计，又是何等的重要！

当茶席确定了立意，构架其中的茶器元素，如同造园中的片石多致、寸草生情，也就赋予了语言和温情。通过视觉器官，去寻找物境和意境的契合点；由听觉器官，去捕捉天籁之音与茶席主题的契合点；由嗅觉器官和味觉器官，去感知香气、滋味和茶席的契合点；如板桥画竹，从眼中之竹，到胸中之竹，然后表达出来，便是手中之竹。王昌龄的《诗格》说得好："处身于境，视境于心。莹然掌中，然后用思，了然境象，故得形似。"艺术的美和趣味，本来就在似与非似之间。

茶席的立意在先，再婉转构思，其余的协调从之。茶席的构架，如同写文章，讲究起承转合。供文人案头玩赏的手卷，其格式也分为天头、引首、画心、尾纸等，次序有其不可颠倒之整体性。因此，茶席的设计，要兼顾茶席的主题和茶事活动的要求，首先要根据人体结构工学，先确定泡茶器的位置，之后依次把匀杯等，安置在席主的身体中心线、方便泡茶的一侧，作为茶席设计的"起"。接下来，品茶器皿的组合安排，可视为是茶席的"承"。

在泡茶区和品茶区确定以后，切题与符合茶席比例的插花，就是茶席的"转"。最后，要认真审视插花组合等因素，对茶席结构可能造成的不平衡性。体积较大、有重量感的滓方，其位置的灵活安排，就是茶席的"合"。用滓方的体量，去平衡茶席设计中可能造成的视觉上的不均衡。在茶席的布局中，茶席上存在的每一件茶器，都不是孤立的元素，它们之间相互关联，相互衬托，互为呼应，甚至彼此还存在着因果关系。

茶席的设计，通常要先确定一个构图的中心。如果是以茶类命名的茶会，泡茶器和匀杯的组合，通常会成为茶席的构图中心。例如：在以品鉴头春绿茶为主的茶席上，为突出绿茶的青翠、芽头之美，为展示绿茶在水中浮沉的动态之美，我们经常会用斗笠油滴盏（玻璃茶盏）配合银茶匙，碗泡等级较高的绿茶。此时，斗笠盏（玻璃盏）、银茶匙与碗承的组合，自然就形成了绿茶茶席的构图中心。如果是一个主题茶会，就像2012年在五台山举办的无上清凉、五台澄观茶会，我设计的"枯木问禅"茶席。2013年，在九华山举行的九华甘露茶会，我设计的"九华甘露境闲闲"茶席。一个突出枯木逢春，一个突出甘露境闲闲，在这两个茶席的设计中，茶席插花与品杯的组合，便成为茶席的构图中心。如果是一个节气茶会，例如立春、端午、冬至等茶会，表征季节时序感的插花，可能会成为茶席的构图中心。

当茶席的构图中心确立以后，其他的茶器，都要服从和衬托

碗泡顾渚紫笋茶。

于构图中心这个主体，形成众星捧月的效应。构成茶席的器具主次，可以通过茶器体量的高低大小，色彩的浓淡明暗，去表现和创造茶席构图的动静虚实、疏密开合之美。

当设计的茶席分清了主次以后，就像陈从周讲的造园如写文章一样，围绕一个明确的中心思想，以散文诗词的构思，按照茶席的功能和所要表达的思想，遵循连贯性、秩序性、逻辑性的原则，把各部分所要表达的茶语、气象、意蕴，有步骤、有条理地组织贯穿起来，就会形成一个有趣味、有对比、有思想、有表达的诗情画意的茶席。

茶席的气势，是决定茶席能否气韵流动以及是否具有和谐画面感的重要因素之一。我们生活中常见的很多茶席，看上去杂乱无章，没有章法，甚至逻辑混乱，其根本原因，就在于对茶席的功能和气势理解不够。山不在高，贵有层次；水不在深，妙于曲折。茶席设计在入门之初，千万不要贪多贪大，能简则简，简以救俗。布局过大，便少趣味。茶器贪多，自少韵致。等熟练掌握了基本茶席的原理，理解了茶席的基本内涵之后，自然就可以随心所欲地驾驭较大的专业茶席了。

古人把中国传统绘画的构图，称为"置阵布势"。茶席的"势"，是由茶席元素的"形"构成的，尤其是茶杯组合的布置。美国著名画家布克夫说："凡是带有横向线势构图的画面，通常暗示安闲、和平和宁静。圆形通常与娴静、柔和相联系。"

我们懂得了这个美学原理以后，茶杯的布置，就要设计为流畅的直线型或圆弧形，柔美、安静、娴雅的画面，恰恰与茶的氛围相吻合。另外，在茶席设计之初，茶杯之间要尽量紧密排布，彼此之间，不能留有太大的空隙。杯形通过不断地重复产生节奏和韵律。这一点，我们可以从中国古代建筑屋檐上的瓦当与滴水、檐下的椽子、梁架上的斗拱排列组合等得到启示。这种秩序、节奏之美，不仅能使茶席具有疏密有致的画面变化，而且这种韵律之美，反过来也会强化茶席的静谧幽美。

实践证明，茶席上的茶杯组合，若是彼此间隔较大排列，茶席缺乏了疏密的对比和变化，便会因没有章法而缺失了美感的存在。相反，如果在茶席设计中，考虑到了疏朗和留白之法，其与紧密排列的茶杯组合，自然就会形成有机的对比和呼应，这种疏密有致的布局，会使茶席富有生气和韵律美。

## 空间层次，俯仰生姿

明代黄龙德的《茶说》，写尽了茶席空间的四时之美："若明窗净几，花喷柳舒，饮于春也。凉亭水阁，松风萝月，饮于夏也。金风玉露，蕉畔桐阴，饮于秋也。暖阁红垆，梅开雪积，饮于冬也。僧房道院，饮何清也，山林泉石，饮何幽也。焚香鼓

琴，饮何雅也。试水斗茗，饮何雄也。梦回卷把，饮何美也。古鼎金瓯，饮之富贵者也。瓷瓶窑盏，饮之清高者也。"不同季节、不同花卉、不同地点、不同色彩、不同温度、不同空间、不同光影，不同层次、不同器具、不同氛围、不同心情下的一盏茶，香气与滋味的差异，应该是很大的。

古人在茂林、修竹、蕉阴、奇石、名泉、清居、雅境里，插花焚香，挂画品茗，他们把自然山水、幽静庭院，作为惬意的茶席空间，巧妙地借景山水，在空山新雨、鸟啼花落中，利用手头的茶器，在无边的光景中，布出了一个又一个唯美、自在，足以表达内心的人文茶席。

茶席是一个小中见大，以有限的茶器和眼前景象，慧心妙手，呈现无限茶意的美学空间。

奥古斯丁说："美是各部分的适当比例，再加一种悦目的颜色。"这会提醒我们，在构建茶席的长和宽的平面布局时，要参照一下黄金分割的比例，衡量一下各器具所占的面积与空间上的距离是否得当与协调？茶席上的主要茶器，例如：壶（盖碗）、品杯、匀杯、插花等，其所占的比例和色彩份额，可适当增加权重。而非主要的茶器，例如：茶仓、淬方等，要尽量缩减器具的体量，减少它们在茶席上所占的比例和面积。淬方和洁方，色彩要服从于大局，不能太过抢眼。仔细探讨日本的传统茶室，我们就会发现，针对9尺4寸5分平方的茶席，茶道大师千利休规定的风炉尺寸为1尺4寸平方，就视觉美感而言，这个风炉的尺寸，最适合日本茶席的空间大小，这一比例关系，恰好符合34∶5的黄金比例。

明代计成《园冶》里说："不妨偏径，顿置婉转。"茶席平面元素布置得迂回曲折，竖向的高低错落，使茶席的设计看起来九华山茶席：九华甘露境闲闲。

九华甘露境闲闲茶席局部。

饶有变化、富有味道。曲径可通幽，如果茶席上的茶器布置，没有合理的高低悬殊，没有参差的变化，这个茶席便会显得呆板单调。

茶席的空间层次，主要包括茶元素构建的前后层次，左右层次，最高位置的插花与相对较低的茶杯轮廓线形成的高低层次，色彩的浅深层次；光影对茶器影响形成的明暗层次，等等。层次之美，可于有限中创造无限，可使平面变得立体。

空间层次的构建和影响，使一个标准茶席的前后、左右、上下，无论从哪一个层面或角度观赏，都会俯仰生姿，各成风景，各有味趣。

例如：我在九华山茶会布置的茶席，名为"九华甘露境闲闲"。茶席的背景是一丛葳蕤碧绿的芭蕉，其后是庄严的大雄宝殿。这个茶席的客人，从前向后看，可见胭脂水的茶杯，映照在芭蕉的绿意中；视线穿过带着露珠的芭蕉长叶，能够看到大雄宝殿的香烟缭绕。从左向右看，芭蕉滴翠掩映在席面之上，且能看到一池荷叶亭亭。从右向左看，是连接寺外的回廊和透着绿意的窗户，窗外有香客的身影络绎不绝，隐见青山迤逦起伏。从席主位置向前看去，是佛龛里弥勒佛的笑意盈盈，令人温暖。举头向上眺望，是生着苔绿的天井和极富韵律感的叠瓦。俯视茶席，茶席上茶汤红艳，光影弥漫。身处此间，茶会的琴声、箫声、低语声、啜茶声、煮水声，佛殿内外茶鼓声、经声梵唱，声声在耳。

茶香弥散其间，煮茶的水汽升腾游弋，又如隔帘花影。

茶席，是一个由长、宽、高和时间构成的四个维度的空间。在这个空间里，有春花秋叶的色彩，有光影倏忽来去的痕迹，有天地的阴晴圆缺，有滋味的酸甜苦辛，共同丰富着空间的层次。有一壶茶的浓了又淡，有啜苦咽甘的回味。时光、映像、滋味、香韵以及生命的体验，在茶席上交互碰撞、情景交融，由此产生的愉悦和内心的感悟，凝聚着物象和意象的诗意美。一个没有心灵倾注和映射的茶席，是无所谓美的。

## 色彩格调，对比调和

一个幽美的茶席，如同是它所在的自然环境里的一扇窗口、一截片段。一个设计巧妙的茶席，与当地的自然风景是完全相融合的。有自然之理，才能得自然之趣。如同苏州园林造景的"虽由人作，宛自天开"。

茶席作为融入自然风景里的一个局部、一个片段，其颜色是丰富多彩的。《老子》说："五色不乱，孰为文彩。"五色不乱，是指色彩的搭配，要有对比、有调和。对比给人以强烈的感觉，调和则产生协调统一的效果，这是构筑色彩和谐之美的金科玉律。有句诗写得很好，"万绿丛中一点红，动人春色不须多。"诗中精辟指出了，主要的色彩应该如何去强调？需要突出的色彩，该如何用对比色去映衬？其比例占多大为恰当？

要想娴熟自如地做好茶席设计，不仅需要准确地去运用色彩，去营造茶席的氛围，而且还要多了解一些相关色彩的基本常识。

我们知道，色与光是不可分的，色彩来自于光。一切客观物体都有色彩，根据物理学和光学分析的结果，色彩是由光的照射而显现的，凭借着光，我们才能看清物体的色彩。没有光就没有颜色。如果在没有光线的暗房里，什么色彩都无从辨别清楚，是光创造了五彩缤纷的世界。在色彩学上，我们把红、橙、黄、绿、青、紫六种颜色，规定为标准色。

在12色环图中，其中的红、黄、蓝，是不能用其他颜色混合生成的，我们称之为三原色。由两种原色混合产生的橙、绿、紫三种颜色，称为三间色。三原色按照不同的比例调和，就形成了复色。

在三原色中，一个原色与其他两个原色混合生成的间色，成为互为补色的关系。即红色与绿色互补，蓝色与橙色互补，黄色与紫色互补。而有互补关系的两种颜色混合，则形成黑灰色。所以，两色相加，若成为黑灰色，

12色环图。

这两种颜色就互为补色，也称作余色。不同色调的灰色与黑、白二色，属于中间色，它与其他色彩搭配使用，能起到协调和缓解作用。在茶席上，大比例地巧用白色与光影结合，可营造出素雅的无色之美。在中国园林里，处处可见的素壁，便是这一美学技巧的充分应用。粉墙花影，四时不同，美若画卷，妙不可言。

根据上述定义，我们就会发现，其实每个色调都有其补色。在12色环上的每个色调，都可以在其180度的对面，找到它们的补色。在茶席设计中，运用好色彩的对比关系，可以增强其视觉的美感和愉悦的画面感。

色彩还有三个属性，分别为色调、明度和饱和度。茶席设计中，我们常用的色彩美学，主要包括色彩对比、明度对比、饱和度对比三种方式。当对比的两色具有相同的饱和度与明度时，其对比的效果就越明显。当两色越接近补色时，其对比的效果就越强烈。因此在茶席上，我们会选择对比强度稍弱一些的色调进行搭配，以追求既鲜明又不过于刺眼的对比效果。事实上，没有色彩对比，就无所谓色彩的协调；没有协调，色彩的对比关系，就无法体现出美感。对比、协调、追求情趣，是茶席色彩趋于完美动人的必要条件。

有时候，强烈的补色效果画面，能给视觉上带来一种近乎满足的平衡感，但是，如果对比过于强烈，就会失去画面的平衡感。因此，我们常常需要，通过调整色彩的面积占比来取得平

衡。即弱色所占的面积宜大，强色所占的面积宜小。小的面积更容易形成视觉的中心点，由此提高了视觉的注目性，这也是"浓绿万枝红一点，动人春色不须多"的内在含义。

另外，还需熟悉色彩对生理和心理可能造成的影响。茶席上常用到热情吉祥的红色，明朗愉快的黄色，新鲜清凉的绿色，深远沉静的蓝色，纯洁朴素的白色，稳重坚实的黑色，等等。也要知晓冷色在距离上有高远的感觉，暖色则有迫近的感觉。明度较高的浅色，以及饱和度较高的暖色，在视觉上，有使面积扩大的错觉，被称为扩张色；明度偏低的暗色，偏黑灰的冷色，则易产生面积缩小的感觉，故被称为收缩色。这些常识，在茶席的插花中会经常用到。颜色的重量感对视觉的影响，在席布和茶杯的色彩搭配中，也会经常遇到。暗色给人以较重的感觉，浅色给人以较轻的感觉。如果席布的颜色浅于茶杯的颜色，则会给人以头重脚轻的错觉。这种错觉，有时需要用茶托的色调去过渡一下。色彩由绚烂归于平淡，无中间之色过渡，便会无法调和。虚实之道，在于过渡得法。在美学上，无过渡则欠气韵。因此，茶席上的色调层次，最好是从席布到茶托、再到茶杯，颜色上宜逐渐趋浅。这种渐变的层次感，既符合人们的视觉感受，又会增加茶席的稳定感和美感。

## 虚实相生，光影变幻

清初笪重光的《画筌》中说："实景清而空景现"，"真境逼而神境生"，"虚实相生，无画处皆成妙境"。虚实共存，形影相生，是传统美学的核心，是茶席美学的重要指导原则，也是茶席由自然之美上升到艺术之美的必由之路。

茶席的构成元素是有限的，要在有限的空间内，营造出无限的景象和含蓄深远的意味，是茶席设计的难点之一。美学家朱光潜曾说："美术作品之所以美，不是只美在已表现的一小部分，尤其是美在未表现而含蓄无穷的一大部分。"他还说："说出来

的越少，留着不说的越多，所引起的美感就越大越新越真切。"
知白守黑，有无相生，茶席的美学也是如此，需要把握好茶席虚
实相生的分寸。

　　煮水器、泡茶器、茶杯、插花、席布、滓方、茶仓等，一器
一物，构成了茶席的"实"。它们以真实的空间尺度，表达着茶
席的形象和功用。所谓物有尽而意无穷。由实入虚，虚中含实，
以产生纷呈叠出的象外之象。它们彼此相互联系着，决定着茶席
意境的整体生成。唯道集虚，茶席的"实"衍生了茶席的"虚"
境。茶席的虚，是茶席的尽在不言中，也是茶席的韵味、思想和

表达。

茶席的"虚",还表现在茶席的合理留白与疏密对比上。茶席的留白,是构图时应该重点思考的首要问题。虚处的大小、位置、多少、聚散、呼应等,关系着茶席画面韵律美和形式美的实现与否。因此,茶席的留白,是有目的的预留。正如清代邓石如说:"字画疏处可以走马,密处不使通风,常计白以当黑,奇趣乃出。"

自然的光影,是茶席美的神来之笔。从周边建筑、植物或门窗投射在茶汤中或茶席上的光影,如:竹影婆娑、花果摇曳等,它以简洁凝练的黑白线条,增加了茶席的诗意、动感和明暗的层

古老的花窗，「隔」产生的幽深趣味。

次，让单调的茶席空间变得丰富而有趣味。光影之美，在于它能把周边的景物和茶席空间，自然而然地融合连接在了一起，这种连接也是虚与实的连接。曼妙多姿的光影，赋予了静态物体以动态的美，由此产生的虚实相生的艺术效果，创造出的意境之美、物外之境、象外之旨，往往是令人怦然心动的。

"虚"，是茶席美学中流荡不已的空灵气韵，"实"，是茶席空间里器物的协调安置、妙心善巧。虚实相生，就是充实的生命意象与空灵的画面空间融合而成的生机回转、气韵流荡的美学意象。一疏一密之谓艺，一阴一阳之谓道。传统艺术的生生气韵，即在此阴阳摩荡、虚实相生的音乐般的节奏之中。


## 隔与不隔，含蓄直观


追求意的幽雅和境的深邃，是茶席美学的重点。董其昌的"搦烛下作画，正如隔帘看月，隔水看花"，的确非常经典，他用了一个"隔"的美学概念，道破了文人作画时那种若即若离的状态，同时也体现出中国文人独有的含蓄而朦胧的美学表达。

古人有花看水影、竹看月影、美人看帘影的审美情结，这种"隔"，恰恰把画面带入了一种相异于现实的另一个幻想中的世界，把不完美变成了完美，把有限变为了无限。不隔其

俗，难见其雅；不掩其丑，何显其美？东坡曾有词，写尽了情"隔"之美。词云："好事若无间阻，幽欢却是寻常。"李清照有词："小院闲窗春已深，重帘未卷影沉沉。"这是帘子未卷的"隔"，花荫柳影映帘栊。而卷帘后的不隔，即是"试问卷帘人，却道海棠依旧"。在茶席的设计中，我们也会经常用到珠帘。茶席的背景中，包括四周的雕窗、槅扇、回廊、栏杆，花木掩映等，与珠帘一样，都是美好且有效的隔离道具。"隔"实际上是对物象制造的一种距离感。虽然真实的距离并没有发生变化，但是在视觉上，直接看与隔着一重层次看，其距离感是不尽

苏州怡园的"隔"。

相同的。这就是距离产生美、朦胧产生美的道理所在。

不隔，是直观的美，缺乏幽深，可一览无余。隔，是含蓄的美，造成的精致而朦胧的层次感，体现出一种意犹未尽的美。白居易笔下的"犹抱琵琶半遮面"，是一种"隔"。同样，苏州园林以漏窗为"隔"，不仅可使墙面产生虚实的变化，而且可把墙外的天光云影、桃红柳绿，渗透、借景于内，丰富了空间层次，增添了无尽的生机和变幻之美。

明末冒襄在《影梅庵忆语》写道："秋来犹耽晚菊，即去秋病中，客贻我剪桃红，花繁而厚，叶碧如染，浓条婀娜，枝枝具云罨风斜之态。姬扶病三月，犹半梳洗，见之甚爱，遂留榻右，每晚高烧翠蜡，以白团回六曲，围三面，设小座于花间，位置菊影，极其参横妙丽。始以身入，人在菊中，菊与人俱在影中。回视屏上，顾余曰：'菊之意态足矣，其如人瘦何？'至今思之，淡秀如画。"董小宛可谓是别出心裁的美学巨匠，她试图把自己最美好的一面、最精致的影像留给冒襄。故此，她每晚高烧翠烛，先让参横妙丽的菊影，投射到白色的团扇之上。此时的她，这才袅袅娜娜地走进帐幔，与菊影相映生辉。浓淡疏影，妙丽无穷，人与菊花俱瘦。这种淡秀如画、引人入胜的美感，就是典型的耐人寻味的"隔"的艺术。董小宛营造的这种可望而不可即的绝美，在她抱病去世之后，让冒襄发出了"余一生清福，九年占尽，九年折尽矣"的悲吟。"余有生之年，皆长相忆之年也。"

西湖郭庄里的"隔"。

此情绵绵无绝期。撩人心弦的间"隔"之美，蕴含着蚀骨销魂的美的力量。

苏轼的"只恐夜深花睡去，故烧高烛照红妆"，如同灯下看美人，其实是在创造一种美学意义上的"隔"。《秘传花境》中也有类似记载："海棠韵娇，宜雕墙峻宇，障以碧纱，烧以银烛，或凭栏、或攲枕其中。"海棠娇媚，如果隔着碧纱欣赏或在烛光下欣赏，会更含蓄隽永，有着咀嚼不尽的美感。

在茶席设计中，我们尽可能地用好"隔"这个美学概念。例如：茶席上的插花，如过于鲜艳夺目，可以挂一半透的竹帘，使之花韵隐隐透出。如果是晚上举办的茶会，可燃以红烛，用微弱的烛光，去弱化周边环境对茶席可能造成的影响。同时，烛影摇曳，恍若梦境，可倍添茶席的韵致与光影的层次感。

茶席的背景，尽可能选择在靠窗或有光线的位置，让窗外的绿意和花红透进来，让人们的视线，从茶席的这个空间，穿透至窗外的另一个空间，从而使两个空间彼此渗透。这样设置，既能增强景物的深度感，又能彰显出空间的层次变化。如果背景杂乱且无法避免时，可吊挂竹帘遮挡掩饰，如此之隔，均会有效地增加茶席的简素和宁静之美。刘禹锡的"苔痕上阶绿，草色入帘青"，其中的"帘"，使清静、清凉之意立生，隐逸、朦胧之美顿见。情趣盎然，意境深远。

有的时候，在茶席平面的一侧，可能会陈设紫竹或湘妃竹的茶棚，此物颇具文人雅风，既可收纳、安置临时不用的茶器，又可起到很好的遮挡视线的效果。知物善用，能够增加茶席的空间感与深远美感。

在茶席的设计和布置过程中，要敢于和巧于应时而借，利用有限的门窗或四周的槅扇等，收四时之烂漫，纳万千之光影。通过"隔"的艺术处理，把彼处的景色引入此处，使寻常变得可观，营造那种隔而不阻、迷离又不可穷尽的美感。


## 画面之感，意境清美

茶席是以茶为本，借茶器育化茶汤，以茶盏为桥梁，让主、客在温馨素雅、清新如画的茶境中，舒适自在地赏茶、品茗的美学空间。

茶席的设计，要体现出茶席的诗意美、画面美。诗意，方可脱俗，神驰物外；悦目才能赏心，悠然自得。茶席的美，不是枯燥刻意的形式美，是对茶香、茶味、茶韵、茶境合乎功能性的诗意表达。正所谓"景无情不发，情无景不生"。茶席的画面美感，与其他的艺术形式一样，都应当是以意境表达的深邃程度，来确定其审美格调的高低。古代的园林家造园，讲究"仿古人笔意，植黄山松柏、古梅、美竹，收之圆窗，宛然镜游也"，注重的也是画意。

茶席的画意，必诉诸有形，它主要依靠人体的视觉器官、眼睛去感受。而画意的荡漾，需要通过茶的色、香、味、形、韵，并借助茶器，升华情感，便能触发我们的诗情诗兴。难画之境象，可以诗凑成。画龙点睛，凝练而富有诗情的茶席命名，有助于诗情画意的表达。名不正则席不端。

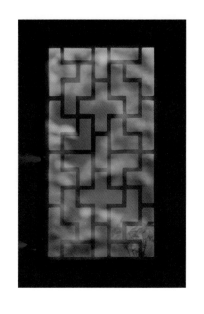

恰如其分为茶席命名，的确是对茶席之美的一个必要的诠释。

"味摩诘之诗，诗中有画；观摩诘之画，画中有诗。"苏轼对王维诗画的评价，可谓入木三分。这种观味，对我们茶席的构思乃至茶席的命名，都具有深刻的启迪作用。画是空间的艺术，它诉诸的是视觉；诗乃时间的艺术，它诉诸的是听觉。茶席的画意，是诗与画的结合，究其实质，也是时间与空间、听觉和视觉的交融。

诗是无形的画，画是有形的诗，诗画同源。茶席设计也是如此，它借助茶器、插花及与环境空间的有机组合，通过色泽、茶汤、构图、光影、意象，去呈现我们对茶的理解和表

述，通过分享茶与茶境的美好，去表达我们的情感、理念、关怀和诗情画意。

唐代牟融的《游报本寺》诗，描述过一个山寺茶席：山房寂寂，竹影萧萧，径苔青青，茶烟袅袅，雅兴共寻方外乐。

宋代周密在《浣溪沙》词中，写到过一个掩门吃茶的茶席："竹色苔香小院深，蒲团茶鼎掩山扃，松风吹净世间尘。"主人在一个杳无人烟的深林小院，时而抚琴啜茶，时而闲卧石床看秋云。此情此境，令人不饮自醉。

明代陈眉公的茶席，不仅有翠竹碧梧，苍苔红叶，而且也有净几明窗，小园幽径。于谦在《寒夜煮茶歌》诗里的茶席，写得比较苦空清寂。在一个夜不能寐的冬夜，诗人在"霜痕月影与雪色"的映照下，"地炉爇火烹茶汤"，"展开雀舌浮甘香"。同样是一个月夜茶席，诗人杜浚的"山月照愈淡，松风吹使深"，描述的画面更具动感与层次变化。在这个茶席上，不仅有枝影随风摇曳，还有"黄鹂知我饮惬"的翠鸣声声。

不惟茶诗，还有大量存世的古代茶画，都很容易让我们找寻到茶席前世的清绝影像。无论是翻开老莲、仇英，还是文徵明、唐寅等人的任何一幅茶画，其精致清雅的茶席画面，都足以令我辈的心目之间，"觉洒洒灵空，面上俗尘，当亦扑去三寸"。

清代曹仁虎在《梁溪舟中》诗中，描写过早春的雨中茶席，极富清新扑面的画意。梨花如雪，柳丝摇翠，春潮拍橹，桃花蘸水，主人在"两岸青山相对出"的小溪中，一蓬疏雨品茶时。

唐代诗人王昌龄，提出的"三境"之说，非常适合借用来解读和认知茶席。茶器的组合是物境；人们对茶、茶汤、茶席的感受，上升为情境；搜求于象，心入于境，茶席的物境和情境便可融会

贯通，渐渐升华为圆融无碍的意境。譬如人生，其实，每个人都是俗的，无论我们自己是否承认。但是，通过读书、喝茶，就很容易让灵魂与世俗、拉开那么一点点的距离，这便是脱俗了。距离虽小，却是攸关情趣、境界。人生由此便多了清欢，多了雅趣，多了诗情画意。

有意境的茶席，必然有韵。韵者，美之极。北宋范温认为，

韵是"有余意"。而王定宽的解读更为形象，"大声已去，余音复来，悠扬宛转，声外之音。" 凡茶席既尽其美，必有其韵。如果茶席的韵味不足，必然也会伤及茶席的形式美。茶席的韵，与品茶的喉韵相似，都是画外之音，象外之旨。

茶席插花，茗赏者上

要通过别出心裁，去衬托和表现茶的清雅；
要画龙点睛，传递出幽微淡远的茶境。

## 文人插花，如花在野

茶席的插花，要与茶席呈现的多维美学空间相得益彰，因此，插花的体量和高度，必定会在某种程度上受到茶席空间的制约。陆羽《茶经》提出的"茶性俭"，对茶席插花的基调，具有十分重要的指导意义。茶席的插花，要通过别出心裁，去衬托和表现茶的清雅；要画龙点睛，传递出幽微淡远的茶境，以及静清和雅的茶之精神，这就使茶席的插花，具有了自己的特点与风格。

茶席插花的基本特点为：构图简洁，花枝少而花色新鲜，造型不拘形式，自然生动；结构疏密有致，起伏有势，不齐不匀，虚实相生；花宜素雅，不求繁多，只插一枝、两枝、最多三或五枝，格高韵胜；并着力追求色彩美、线条美与构图美，以达到朴素大方、清雅绝俗的艺术效果。

明代袁宏道《瓶史》提出："茗赏者上也，谈赏者次也，酒赏者下也。"袁宏道认为，赏花时，有茶相伴最为清雅。反过来，在品茗时，也应该选择最清雅的插花于席，寄情于物，以花言志，始能足以表达文人雅士的诉求和风骨。以袁宏道为代表的文人插花艺术，为茶席的插花提供了理论参照。从某种意义上讲，茶席的清雅插花，已不同于宗教供花和华贵富丽的宫廷插花，更不同于生活花艺。究其本质，它是最适合清供、清赏的传统文人插花，这种传承，从中国传统文人插花的发展脉络中，还是能够清晰地梳理出来。

明末陈洪绶的《痛饮读骚图》，锈迹斑斑的青铜瓿内，清供一枝白梅和一杆翠竹，与主人的红衣形成强烈对比。

文人插花源自晋唐，盛于宋明。讲究清新脱俗，不拘形式。花材常选一种、两种，多则三种，着力寻求山野清趣与诗意的流露。

　　南北朝时，诗人陆凯《赠范晔诗》有："江南无所有，聊赠一枝春。"诗人折一枝梅花，让北去的驿使带给自己的朋友，已经涉及插花的清赏与情感表达，可视为是早期插花的简易形态。庾信的《杏花诗》有："好折待宾客，金盘衬红琼。"在春色盈野时，可插一枝"淡红褪白胭脂洗"的杏花，来宴饮朋友，以助

盛况。

唐代罗虬的《花九锡》，可谓是中国插花的最早文献。虽然只有区区75个字，但却涉及了插花的品格、清供与赏玩。明代袁宏道所著的《瓶史》，从其结构与内容来看，是对《花九锡》的继承和深化。

南唐后主李煜创办的"锦洞天"，是我国最早定期公开的插花艺术展览会。韩熙载的香赏"五宜说"认为："对花焚香，有风味相和，其妙不可言。"宋代是文人插花的发展期，所插的花卉以梅花、海棠、木槿居多。从宋代的文献里，还看不出插花技法与理论的成熟，其中多为闲情逸致，随意而为之。上述结论，从以下的宋代诗词中，还是能够看出一些端倪。仇远诗云："瓶插梅花一两枝，逋仙隐几自吟诗。"曾几诗有："小窗水冰青琉璃，梅花横斜三四枝。"此外，仇远还有："偶得数枝梅，插向陶瓶里。"苏辙也有："案头乱插铜瓶湿。"欧阳修在《洛阳牡丹记》里谈道："满城皆是插花人，负担者亦然。"苏轼的《答王巩》诗云："醉中插花归，花重压折轴。"此处的"插花"，是指秦代以降的簪花习俗，不同于当下的插花艺术。

明代，是文人插花发展的成熟期。花令人韵。明代文风鼎盛，尤其在高濂的《瓶花三说》（1589）、张谦德的《瓶花谱》（1595）、袁宏道的《瓶史》（1599）等插花专著相继问世之后，幽人韵士，开始依此建构完整而周严的插花理论体系，清疏淡远、各具画意的美学标准趋于成熟。于是，明代以降的文人们，便从一枝花、一方木、一角山、一汪水里，细微处见宏大，清浅中见深刻，文人插花既成为了娱己赏玩的幽栖逸事，又是别具意蕴的心象之花。

历代文人的插花之胜，从诗词里可见一斑。《诗经》有："维士与女，伊其相谑，赠之以芍药。"为什么男女离别时，要赠之以芍药呢？因为芍药又名"江蓠"，谐音"将离"，古时又被认为是"媒妁之药"。宋代王安石的《新花》诗有："老年少忻豫，况复病在床。汲水置新花，取慰以流芳。流芳秖须臾，吾亦岂久长。新花与故吾，已矣两可忘。"不幸的是，这首诗成了王安石的绝命诗，诗中有旷达有哀声，道出了生命与花期的短促。陈与义有《梅花二首》："画取维摩室中物，小瓶春色一枝斜。梦回映月窗间见，不是桃花与李花。"杨万里的《瓶中红白二莲》诗云："红白莲花共玉瓶，红莲韵绝白莲清。空斋不是无秋暑，暑被香销断不生。"诗中写到的荷花，不仅可鉴可赏，还能清心解暑。南宋诗人杨万里，还有移栽山丹的诗："青泥瓦斛移山花，聊著书窗伴小吟。"对花临窗吟诗，又是何等惬意！黄昇的《鹧鸪天·春暮》词中："沉水香销梦半醒，斜阳恰照竹间亭。戏临小草书团扇，自拣残花插净瓶。"写尽了文人插花的洒脱与不拘一格，只要能表达出内心的感触，残花亦有别样的美丽可赏。李商隐不是也在"更持红烛赏残花"吗？明代高启的

《瓶梅》诗，写得也好。其诗云："竹外相逢见素花，手携数朵喜还家。雨窗今夜无明月，暂托寒灯照影斜。"明末清初，钱谦益品着芥茶，陪柳如是插花消遣，诗中透出了他们对自己插花技法与格调的高度自信。钱谦益的《灯下看内人插瓶花戏题四绝句》诗有："几朵寒花意自闲，一枝丛杂已斓斑。凭君欲访《瓶花谱》，只在疏灯素壁间。"这足以说明，柳如是已经读过《瓶花谱》了，凭着钱、柳深厚的诗人素养与审美，"会得远山浓淡思，数枝落墨胆瓶中"，其水准或许已经超越张谦德等人了。

历代文人，不仅热衷插花，更具惜花之心。苏东坡担忧海棠易落，"只恐夜深花睡去，故烧高烛照红妆。"王千秋《解佩令·木樨》词有："著意收拾，安顿在、胆瓶儿里。且图教平声梦魂旖旎。"花儿不大、叶儿不美的木樨花，经过一番构思，淡淡梳妆，安顿在胆瓶里之后，其风流标致、清香幽芳，远胜兰芷。此刻把它插起来，即可防雨疏风骤，又可安顿性灵，还能在魂梦里旖旎，大有湘云眠芍、香梦沉酣之美。文人寓心于幽花疏草之间，使文人的插花如茶一样，变得意味深长。其诗性的内涵加上清丽外形，自具闲雅气韵。他们把自己的哲思、感悟，与花木、自然联系起来，穷通物理，又能在花草中寻找逍遥之乐，以拂红尘之污。

闲停茶碗从容语，醉把花枝取次吟。总之，文人插花，是以文学诗词之心，观察自然，以花影人，寓感万物，物我两忘时，以花草为媒介，以宣泄胸中文心诗意的感动，通过抒怀寄情，形成的线条精简、风格清雅、饶有野趣而又回味无穷的心灵之花。

明代袁中道曾说："花为天地间一种慧黠之气所成，除了外观的形色之美外，复有令人明眼澄心、凝神净虑之功，以文人领受最为深刻。"花与茶，都具有为君以泻清臆、凝神静虑之功。"商略此花宜茗饮，不消银烛彩缠缸。"因此，茶席上的插花，最接近传统的文人插花，重诗情，重意境，寄情遣怀，使茶席摒除了匠气和俗气，更具淡雅率真之美、席外妙想。


## 构图简洁，疏密有致


既然我们把茶席的插花，归结为更靠近传统的文人插花，那么，茶席的插花，应该像传统的文人画那样，以朴素清雅为原则，实现自然花卉与人文情思的互动，让古典的文人插花精神，在茶席上清雅绝俗，与茶相和，相映成辉。

明代陈洪绶的《瓶花图》中，有题款诗："相呼看红叶，林下醉秋华。折得一枝归，与君称寿华。"诗中的"折得一枝归"，印证了陈洪绶已深得文人插花的精髓。张谦德在《瓶花谱》里讲："瓷器以各式古壶、胆瓶、尊觚、一枝瓶为书室中妙品。"一枝瓶，既然是文人书房里适于清供的妙品，这也进一步

证实了，构图简洁的一枝花供，是文人插花中最常见、最简单的选择。宋代梅窗有《咏梅》诗："薜花浮晕浅，浅晕浮花薜。清对一枝瓶，瓶枝一对清。" 诗人梅窗，在一枝瓶里插一枝花时，关注到了绿色的苔藓与粉红色的梅花，在颜色上形成的红绿对比。一枝梅花，在一枝瓶里疏影横斜，倍加清雅，瓶与枝互相映衬，别有味道，各具风采。

　　一枝花的插法，简单明了，尽得自然天趣，透露出古代插花美学的基本准则。越是简单的线条，越是难于表现和处理。能否呈现出清趣盎然，考验的是插花者的眼界与智慧。那么，如何去选择有天然风致、且能表达茶席思想的枝条呢？张谦德在《瓶花谱》里，给出了非常明确的答案。他说："若只插一枝，须择枝柯奇古、屈曲斜袅者。"也就是说，如果只插一枝，需要先审视花枝与插花器是否匹配，枝条要选择古朴奇特的，而最佳的枝条，则是呈一波三折状，并且枝梢柔美袅娜的。如果寻觅不到令人满意的一枝，又该怎么办呢？他又说："欲插两种，须分高下合插，俨若一枝天生者；或两枝彼此各向，先凑簇像生，用麻丝缚定插之。"也就是说，此时要根据内心的构想，去寻找这两种枝条，其搭配也要经过精心考量，多试着组合几次，选出构图最优者。如果这两枝，选择上下合插的方式，塑造出来的枝形，一定要像是天生的一枝最妙。若是两个枝条彼此反向，那就要先把这两个枝条，凑合起来试试，看看是否像是天生的一枝？假如满意了，其后用麻绳或铁丝固定好，再插入花器内即可。总之，不管采取哪一种方式插花，一定要达到"虽由人作，宛若天成"的艺术效果，才是最高的美学标准。其间，要尊重花草树木的生长规律和自然形态，不能透露着人工斧正的明显痕迹，以造就插花艺术不对称的均衡美。另外还要注意，彼此相向的两枝，在凑簇像生时，必须是左高右低，或是右高左低。如此，枝条不对称所产生的美，产生的形生势成的动感，才会跃然眼前，天趣昭昭。

袁宏道在《瓶史》中告诫我们："插花不可太繁，亦不可太瘦。多不过两种、三种，高低疏密，如画苑布置方妙。"袁宏道

明末陈洪绶《听琴图》局部。

的这些见解与张谦德择枝的审美，是基本一致的。张谦德说：折花"取俯仰高下，疏密斜正，各具意态，全得画家折枝花景象，方有天趣"。画家的折枝花景象，是插花艺术的基本审美。一个插花作品，如果没有画意，便缺少了诗情和遐想，是无法打动人的平庸之作。在茶席设计时，创造富有茶韵、生机盎然，而又不失人文趣味的个性插花，就需要我们师心活用，从枝条的姿态、色泽、比例、对称、平衡、疏密、对比、韵律等诸方面，去调和，去斟酌，去思量。在疏密有致、起伏有势、不齐不匀、虚实相生的构图中，通过枝少色新，不拘一格的活泼形式，力求构图简洁，如花在野，呈现出动人的画意诗情。

茶席的插花，是从花中寻觅清雅幽美的气息，以弥补茶席上的生气与活力不足。它追求的是，插花的意境要胜于原来的面貌，这一点与文学创作类似，都是来源生活，高于生活。在插花时，要抱有爱花、惜花之心。插花的目的，是为了通过艺术加工，让花卉的姿态更美、更富韵味。如果有条件，可以通过一些科技的手段，延长其花期，使之寿命高于原生花。构图简洁的茶席插花，要富有变化，这种变化要充满着生命的律动，它不是简单的凑合，也不可单调乏味。对于上轻下重或上散下聚的插花构图，要关注其稳定性和均衡感。通过高低错落，展现出构图的层次感；通过疏密有致，增强插花的立体感；通过俯仰呼应，体现出意态天然的错落韵律之美。

## 比枝配色，花宜半开

俗话说："敬酒要满，奉茶要半。"茶席的插花，除了枝条的虬曲、高古、舒展、飘逸外，鲜花的选择，宜素雅且半开。半开的花，充满着生机与活力；盛开绽放的花，意味着它已耗尽了最后的能量。因此，李密庵在《半半歌》里唱到："酒饮半酣正好，花开半吐偏妍。"

张谦德认为：折取的花枝，最好生长在离我们布席吃茶不远的地方，诸如家园邻圃。周边的花卉，本身就属于自然环境里的一个构成部分，故最能融入茶席的环境氛围，不存在丝毫的违和感。另外，要选择在清晨折花，花枝选择半开且带着清露的。就近取花，既保证了花草的新鲜水灵，也不会因路途太远而折损了花草的生机。清代陈淏子《花镜》里说："折花之法，不可乱攀，须择其木之丛杂处，取初放有致之枝；其一二种，比枝配色，不沉不冗，稍有画意者，方剪而熻其折处插之，则滋不下泄，花可耐久。"陈淏子强调的"初放有致之枝"，确实是经过轻微修剪、或者不做任何修整、最容易呈现画意的理想花材。另外，他还告诉我们，要保持花开得持久，枝条的剪折处，可用火灼烧、碳化一下，这也是传统插花的经验之谈。

茶席的插花，需择花而插，要么花有品格，能够契合、体现茶席的构思和主题；要么花有野趣，能够增加茶席的山野朗润之

气。插花的形式，可从传统绘画的构图中，去寻找灵感，最好能有诗意的表达，或表达理念，或表达心象。插花妙在精神和韵致，尤其是茶席的插花，要渗透着自己的内在学养与涅槃妙心，所以，古人有"潇洒最宜三二点，好花倩影不需多"之句。

在茶席的插花实践中，如果感觉茶席过于素淡，可选用艳丽的花色，适当地去给茶席提提精神，增加些亮色。但要注意艳丽的花，要选择花朵小的，以减少色彩的分量感，色泽更宜沉稳典雅。艳丽的花，宜搭配枯木、萎枝使用，枯与荣、浓与淡的强烈对比，对主题茶会的烘托，有时会凸显出意想不到的效果。

茶席的插花，是茶席空间里很重要的一个部分，它体现着一个茶席的精气神。一个能够融入茶席并与茶席格调相协调的插花作品，其花色与茶汤的色泽一定会相映成辉，也能很好地衬托和表现着茶汤的色彩。例如：黄绿色的茶汤，可用红色的花朵映衬；红色的茶汤，可用洁白的花朵对比；橙黄的茶汤，可用花朵的紫色表现，等等。

色彩调和，是插花艺术构图的重要原则之一，也是插花创作成功与否的关键。所谓插花的色彩调和，就是要缓冲花材之间色彩的对立矛盾，在不同中求相同。通过不同色彩的花材的相互配置，相邻花材的色彩能够和谐地联系起来，相互辉映，使插花作品成为一个整体、且能生成一种共同的色感。高濂在《瓶花三说》写道："但小瓶插花，折宜瘦巧，不宜繁杂，宜一种，多则

二种，须分高下合插，俨若一枝天生二色方美。"一枝花，两种色，自古就属于罕见花草的奇妙、调和之美。宋代杨万里，惊讶地看到一株芙蓉，开出红白二色的花时，写道："近日司花出新巧，一枝能著两般花。"张孝祥惊奇地见到红白莲房生一处时，也有诗："红白莲房生一处，雪肌霞艳难为喻。"此种人生偶遇，如诗人所言："人间相见犹相妒。"

在同一插花体中，如果存在着几种色彩，就必须确立以一种

明末陈洪绶的《爱莲图》局部。

色彩为主，将其他几种色彩统一起来，形成一种总体的色调。我们追求的色彩调和，就是要使这种总体色调自然和谐，给人以舒适的感觉。在同一插花体中，如果只使用一种花色的花材，则色彩较容易处理，只需用绿叶衬托即可，因为绿色和任何颜色都能取得协调感。另外，在多种色彩的花材中，白色花属于中性色，其应用最为普遍，它既能与其它任何颜色的花材同时配合，又具有减弱其它色彩过于刺激的作用，也可使整体构图趋于色彩素雅、谐调、鲜明。例如：红枫与白菊、红山茶花与白花贴梗海棠的组合。当两种花材的色彩对比过于强烈、刺激性过强时，可以试着把白色配置在对比花材之间，或用白色花材散置于周围，均可缓和两种对比色之间的不协调感，从而使对比色强烈的两种色彩，变得柔和耐看。也可通过调整主次色的体量比例，以缓和对比所形成的强烈刺激感。

在茶席设计中，可以根据匀杯的高度来选择花器，从而来确立插花的整体高度。如此，可使茶席上各器具的标高轮廓线，趋于平缓流畅，茶席的立面更加趋于优美。如果有条件，所插的主花，要趋向太阳光源的方向，与光源呼应的花朵和枝条，会更自然协调。也可以根据枝条的起伏掩映、光线的方向，来调整茶席的布局，从而使茶席的空间，因光影的变幻更加富有美感与层次感。

## 瓶插碗盛，疏影横斜

茶席的插花，多采用瓶、碗、篮、盘等器皿。固定花材的常用花留，主要包括剑山、七宝、花泥等。如果花器的口径较大，不好固定花材时，可在瓶口制作井字形或十字花型的"撒"，也可在花材根部切一小口，嵌入竹片或木片，同样能起到固定花枝的作用。

茶席的插花，除了传统的一枝花插法，也经常会有两三种花材的组合插法，但崇尚自然天趣、追求诗情画意的原则不能改变。

茶席的插花，尤其是主题茶会，有时如同急就章，不可能有充足的时间去准备和挑选花材，那么，在短促的时间内，寻找不到可意的花材或枝条时，又应该怎么办呢？此时，要学会一个"凑"字，即张谦德所说的"凑簇像生"。我在《茶与茶器》里，清楚地阐述过清和花道的基本理念。即在插花的实践过程中，脑子里要有概念、有构图。如果是一个枝柯奇古、意态天然的呈三角体结构的枝条，只需对各主枝稍加修理即可，这样难得的天然枝条，就是清和花道认为的"道生一"。"一"最近于"道"。如果一个枝条经过修整后，仍无法表达出三维的立体空间架构，那就需要选择用两个枝条去构思、去组合，这就是"二生一"。同理，如果两个枝条，仍然无法呈现不对称的三角体的

明末陈洪绶《参禅图》局部。

插花架构，那就需要用三个枝条去拼凑、去构图，这就是"三生一"。无论是天生最近"道"的自然一枝，还是两枝、三枝或多枝的构图，都不宜过于繁杂，其达成的景象，应如《瓶花谱》所讲："俨若一枝天生者。"大道至简。插花需要的枝条越多，便离"道"越远。

茶席插花这种有原则的"凑"，凑出的就是一个不对称的三

角体的立体空间，这种结构，至少能够呈现出可以三面观赏的构图之美，使茶席从前、后、左、右四个方向审视起来，都趋于更鲜活、更饱满、更耐看、更有韵。

不对称的插花造型，恰似一杆秤。两边的距离虽有长短，但是，茶席插花的视觉重心，始终要处于插花器皿对称轴的附近。因此，能够保持插花布局中，不对称中的相对平衡，令观者有较强的安定感。不对称的构图，深得自然之妙，这就是袁宏道提倡的真正的"整齐"，"参差不伦，意态天然"。

插花的造型，不论是在古代还是现代，都有一定的规律可循。明代袁宏道的《戏题黄道元瓶花斋》诗云："朝看一瓶花，暮看一瓶花。花枝虽浅淡，幸可托贫家。一枝两枝正，三枝四枝斜。宜直不宜曲，斗清不斗奢。仿佛杨枝水，入碗酪奴茶。以此颜君宅，一倍添妍华。"袁宏道以诗言志，同时，也是在娓娓道来自己插花艺术的经验和总结。他在诗中说，浅淡的花枝清雅，插花一枝两枝正好，如果是三枝四枝，就要学会倾斜着去构图。插花时，要尊重花木的自然形态，不要去随意改变它、扭曲它。插花展现的是风致清雅，而不是竞奢斗华。

《瓶花谱》的作者张谦德，是中国插花史上较早归纳出插花构图比例的艺术大家。他说："大率插花须要花与瓶称，令花稍高于瓶。假如花高一尺，花出瓶口一尺三四寸，瓶高六七寸，花出瓶口八九寸，乃佳。忌太高，太高瓶易仆；忌太低，太低雅趣失。"张谦德提出的这个尺寸，大体接近黄金分割率0.618：1的优美比例，是非常科学和值得借鉴的。这与现代花艺常用的比例和尺度殊无二致，即花艺作品的总高度，大致为花器高度加上花器口径之和的两倍为宜。虽然说中国古代的传统插花法无定法，但是，美的东西，还是有规律可循的。例如：匀称、比例、俯仰、均衡、疏密、节奏等，它们都是令插花艺术获得美感的重要手段。凡事寻找到一些规律，往往会事半功倍。

茶席插花的姿态，要如花在野，表现出植物自然生长的状态与生机。这就提醒我们在插花时，首先，所插的花枝要从一个点出发，让观赏者感受到，枝条是从植株的根部自然而然地生发出来的，避免逻辑秩序的混乱。其次，茶席插花，尽可能不要出现平行的、或同样长度的、或近似类型的花枝。在主要的枝条上，尽量不要展示叶子的背面。对称的叶片，可适当摘除其对称部分。花朵的呈现，宜单不宜双。 花器的口沿，尽量不要完整外露，可用枝叶适当遮盖。高濂在《瓶花三说》写道："须折斜冗花枝，铺撒左右，覆瓶两旁之半，则雅。"张谦德在《瓶花谱》也讲："上簇下蕃，铺盖瓶口。"第三，要注意阴阳的调和，枝与叶的配合，一般是刚劲的配柔弱的，大花配小花，大叶衬小叶。一个成功的茶席插花，包含着阴阳变化、虚实、枯荣、浓淡、俯仰的对比协调。

茶席的插花，可以不拘泥于某种形式或某种定式，但是，要呈

现出自然的生机妙趣，使之各具意态；又需契合茶席所要表达的内涵、主旨，蕴藉着茶意之美。花妙在精神，茶妙在韵味。品茗回味之余，茶席的插花，要"使观者疑丛花生于碗底方妙"。

常见茶席，精彩纷呈

光阴荏苒，花开四时，学会苦中作乐，足助茗边幽赏。

## 一人之席，独品得神

一人茶席，孤清自萦，摒除刺激性的味道，专注于茶的隽永清淡之味，意在体会茶的清和幽远的精神享受，培养对自然细微、美妙、玄远的审美感觉，以此对抗人生的苦闷与无趣。

明代陈继儒曾说："品茶，一人得神。"这种品茗体验，着实为有感而发。瀹茶独饮，心无旁骛，与茶相伴、相视、相望、相融，用出世之心品入世之茶，方能品出茶的神韵。

陆游的《夜汲井水煮茶》诗云："病起罢观书，袖手清夜永。四邻悄无语，灯火正凄冷。山童已睡熟，汲水自煎茗。锵然辘轳声，百尺鸣古井。肺腑澶清寒，毛骨亦苏省。归来月满廊，惜踏疏梅影。"从诗中我们可以读出，陆游是喜欢独自饮茶的。山童熟睡了，他踏着月色中、长廊边的梅影遍地，去古井打水，独自煎茶慢啜。清寒的长夜，红泥火炉，炭炽水沸，月痕盈窗，

茶香满室，还有一卷书、一炉香、一张琴、一溪月相伴。"小楼一夜听春雨"，陆游客居杭州时，饱尝世态炎凉，一夜未眠，当他写下"晴窗细乳戏分茶"时，一定也是独饮的。唐代卢仝，用"柴门反关无俗客，纱帽笼头自烹吃"，来表达自己的独饮之趣。他写下的七碗茶诗，从喉吻润、破孤闷、搜枯肠、发轻汗、肌骨清、通仙灵，直饮到"唯觉两腋习习清风生"，飘飘欲仙，乘风欲去。卢仝的七碗茶诗及其独特细腻的感受，可谓"独品得神"的典范之作。

法国作家罗曼·罗兰说："一册美妙的书是一桩秘密，只应在静寂的心头细细地体会。"地炉茶鼎烹活火，一清足称读书者。喝茶又何尝不是呢？茶的底蕴含羞不语，是需要静下心来慢慢品尝参悟的。我在深夜独饮时，曾写小诗："啜罢夜雨剪春韭，红袖添香夜读书。孤标傲世携谁隐？竹篱茅舍自甘心。"那是在数年前的春夜，对茶对人生的有感而发。自古诗家多茶客，诗清都为饮茶多。从唐至今，在数千首脍炙人口的茶诗词中，大多是诗人"一人得神"时的感慨吟咏。饮茶和读书一样，没有体验过独自品茶的人生，对茶的理解和感受一定会大打折扣的。同

样，耐不住寂寞，不能沉静读书的人，便很难咀嚼出唐诗宋词里的隽永味道，很难体味到诗词的口齿噙香。

静胜躁，寒胜热，清静为天下正。静能生慧，一个人只有沉静下来，才能品出茶的本真滋味与苦尽甘来。所谓禅茶一味，是指茶性清凉，可以降伏心中的燥热与妄想。安下心来，品出了茶韵，观照到了自己的心性、佛性，明白了即心即佛，便如同一盏茶汤，真香妙韵，冷暖自知，何需外求？心静之处，就是一盏最好的茶汤，就像淤泥之上可生莲花。明代的品茶十三宜中，强调"无事、独坐"，这是极有道理的。不能无事和独坐，又怎能体会出禅茶一味的无上清凉？因此，明代黄龙德在《茶说》中讲："茶灶疏烟，松涛盈耳，独烹独啜，故自有一种乐趣。"

一人的茶席，是自由的，可以一壶一杯，也可盈盈一盏。既可琴书相伴，对山花啜之；又可于竹影窗前、落花树下，慢慢啜饮；耳听松风泉瀑，目断飞鸿之影。唐代白居易的《食后》诗，写出了人生的茶味："食罢一觉睡，起来两瓯茶。举头看日影，已复西南斜。乐人惜日促，忧人厌年赊。无忧无乐者，长短任生涯。"茶和人生一样，总有喝淡的时候，忧伤又有何用？不如在闲适的茶境中随运任化，爱山乐水。这些感受，也只有在独饮中静静体味。宋代喻良能，在重阳节时不见菊开，唯插桂花一瓶相伴，兀坐晴窗独饮茶，这一席茶，又是多么的悲凉岑寂。明末清初的陈贞慧，写尽了独自品茶的感觉："芥片色香味三淡，初得

口泊如耳，有间甘入喉，有间静入心脾，有间清入骨。嗟乎！淡者，道也，虽吾邑士大夫家，知此者可屈指焉！"茶，其清能入骨，这是多么微妙而又刻骨铭心的感受。由此可见，茶非独品不能知味。

夜阑更深，我喜欢在书房里，安静地品一盏洞庭西山的碧螺春。深秋时，几案花瓶里，常插一枝故乡的红蓼。荷塘边簇生的红蓼素朴，直抵内心。卷曲似螺、银毫隐翠的碧螺春，在透明的玻璃杯中，浮浮沉沉，舒展开来，翠绿得像太湖的暮春三月。沉醉在碧螺春特有的鲜爽滋味及幽微的花果香里，被茶韵勾勒出的过往茶山的绮丽景象，便会历历在目。如苏州洞庭的桔红半山，枇杷花开半坡。风软烟轻，久久难忘。

## 两人对酌，得趣言欢

品茶，二人得趣。两个人的茶席，不像一个人的茶席那样随意散漫。二人茶席里，要考虑到对方的感受，体现出关怀之情，可以一壶两杯，也可像明代文人那样："每一客，壶一把，任其自斟自饮，方为得趣。"

宋代邹浩的《同长卿梅下饮茶》诗有："不置一杯酒，惟煎两碗茶。须知高意别，用此对梅花。"这是一个依依惜别的两人茶席，两人以茶代酒，以茶对梅，以非常之饮对非常之花，幽逸自期，清寒相高，羡煞后人。

明代张岱的《陶庵梦忆》里，有篇《闵老子茶》，描写的就是一个二人茶席。张岱写道："汶水喜，自起当炉。茶旋煮，速如风雨。导至一室，明窗净几，荆溪壶、成宣窑瓷瓯十余种，皆精绝。灯下视茶色，与瓷瓯无别而香气逼人，余叫绝。"初次谋面的两人，在茶室里起炭煮水，用紫砂壶泡岕茶。然而，令见多识广的张岱叫绝的是，茶席上使用的明代成化或宣德官窑的茶瓯，足足有十余种，且件件珍罕精绝。灯下所看到的茶汤，颜色与瓷瓯一样晶莹剔透，竟然还香气逼人。茶虽平而道却深。张岱

明代文徵明的《品茶图》。

与汶水老人在茶席上，闻茶识茶，辨水识水，高手对决之后，便如高山流水，引以为茶中知己。

同样是在明代，文徵明的《品茶图》，以文人特有的审美情趣，具体而真实地描绘了初春新茶开采时，恰有朋友来访，侍童为其主客"煮而品之"的两人茶席。山前溪畔松树下，茅舍茶寮里，文徵明与友人陆子傅，吃茶清谈。茶几上，一把紫砂壶，

陈洪绶的《听琴品茗图》。

两只白色的茶杯，呈一字形布列。画上自题七绝诗句："碧山深处绝尘埃，面面轩窗对水开。谷雨乍过茶事好，鼎汤初沸有朋来。"末识："嘉靖辛卯，山中茶事方盛，陆子傅对访，遂汲泉煮而品之，真一段佳话也。"清丽优雅，颇具江南风致的文人茶席，细腻精到，跃然纸上。

明末清初，陈洪绶的《停琴品茗图》，描绘的是一个席地而坐的两人夏日茶席。席右侧的花瓶里，插了三朵白荷、三枝荷叶，青白分明，香远益清。举杯和神气，弹琴悦性灵。此刻，炉火正旺，琴已入囊，二人各持清茶一盏，准备告别。从画中能够看出，两人抚琴事茶，琴声犹在，茶琴两清。尤其是主人，安闲地坐在一片翠绿的芭蕉叶上，煮水分茶，其风雅情致，试看天下谁能敌？茶席中惹眼的蕉叶，既是愁苦的意象，也蕴含了人生的"譬如芭蕉，生实则枯"。而那缸荷花，正是自己居乱世而怀玉、出淤泥而不染的象征。

陈洪绶的另一幅《闲话宫事图》，则刻画出了一方举案齐眉、却令人惆怅不尽的两人茶席。画中伶元手按琵琶，其妾樊氏，鬓发如云，翠袖飘逸，端坐于奇石之上，素手执卷。几案上，小器大开片的哥窑花瓶里，一枝半开的白梅，暗香浮动，茶还未瀹，已让人神魂俱醉矣。画中的二人茶席，其构图方式，特别值得我们借鉴。两人对坐，欲说还休。一壶两杯，红白对比鲜明，且一壶两杯的布置，呈稳定的等腰三角形结构。这种构图，

陈洪绶的《闲话宫事图》局部。

暗合了黄金分割的最美比例。茶席上清供的那瓶白梅，盛着两人无尽的惆怅和对生命的深刻体验，同时，也象征着内心出尘的那份孤傲凛然。这一方绝俗的两人茶席，清美得已让人无法模仿，千古难再有出其右者。暂且先不论茶，单单是席中樊通德的捧卷而读，端坐于茶席之上的仪态万方，不需绿窗翠箔的映衬，早已是一幅如绿茶般清新隽永的画卷了。

　　冒襄《影梅庵忆语》里的二人茶席，香艳无双，其情真意切，读之令人柔肠寸断。冒襄回忆道："姬能饮，自入吾门，见余量不胜蕉叶，遂罢饮，每晚侍荆人数杯而已，而嗜茶与余同，性又同嗜岕片。每岁，半塘顾子兼择最精者缄寄，具有片甲蝉翼之异。文火细烟，小鼎长泉，必手自吹涤。余每诵左思《娇女诗》'吹嘘对鼎䥶'之句，姬为解颐。至'沸乳看蟹目鱼鳞，传瓷选月魂云魄'，尤为精绝。每花前月下，静试对尝，碧沉香泛，真如木兰沾露，瑶草临波，备极卢陆之致。东坡云：'分无玉碗捧峨眉。'余一生清福，九年占尽，九年折尽矣。"名列秦淮八艳的董小宛，花前月下，桂花露影，文火细烟，亲自为冒襄吹火、煎水、瀹茶、鉴瓷、析句，静试对尝一席茶，茶汤柔情似水，韵味羡煞旁人。

唐代诗人戴叔伦有诗："远访山中客，分泉漫煮茶。相携林下坐，共惜鬓边华。"诗中写的是两人相携对饮，或吟诗论道，或听琴对弈。二人对饮，多为知音素友，心有灵犀。可并列、可对坐，茶席可圆可方，空间不需太大，插花自然随意，以松、竹、梅、兰、菊、荷等，能寓品格的花卉最佳。

清代郑板桥的二人茶席，如他在《靳秋田索画》中所记：三间茅屋，十里春风，窗里幽兰，窗外修竹。闲暇之日，便闭柴扉，扫竹径，对芳兰，啜苦茗，时有微风细雨，润泽于疏篱仄径之间。此时，闭门无俗客，而有良朋至，这席茶有竹有兰，有节有香，又是何等的清雅，何其的难得呀！

## 珍鲜馥烈，三人得味

一人独饮，是个体不自觉地融入自然后，与茶的心灵独语，品出的是情外之情、味外之味。两人对饮，是在茶的美学空间里的对啜品味，推心置腹，得趣言欢。李清照与丈夫赵明诚，曾留下"赌书消得泼茶香"的对饮佳话。三人得味，三口为品，以茶为媒，彼此神交，煮茗忆旧，品茶抒怀，共享一壶茶的滋味，心有所得，便"不复醉流霞"，不负这杯茶了。潮州谚语说："茶三酒四游玩二。"可见喝工夫茶时，三人为最胜之数。

明代许次纾在《茶疏·论客》中，写得非常清楚。他说："宾朋杂沓，止堪交错觥筹；乍会泛交，仅须常品酬酢。惟素心同调，彼此畅适，清言雄辩，脱略形骸，始可呼童篝火，酌水点汤。量客多少，为役之烦简。三人以下，止爇一炉；如五六人，便当两鼎炉，用一童，汤方调适。"喝茶，需要的是彼此相惜、彼此知味的人，最好是知音清友，素心同调，三人一炉足矣。《红楼梦》第四十一回《栊翠庵茶品梅花雪》写道：贾母和刘姥姥众人还未离开，"那妙玉便把宝钗和黛玉的衣襟一拉，二人随他出去，宝玉悄悄的随后跟了来。只见妙玉让她二人在耳房内，宝钗坐在榻上，黛玉便坐在妙玉的蒲团上。妙玉自向风炉上扇滚了水，另泡一壶茶。"妙玉、黛玉和宝钗三人一席，喝的就是其乐融融的体己茶。不但茶与茶器与上一席大不一样，泡茶的水更是非凡罕有，那是妙玉五年前珍藏的、在盛开的梅花上收集的雪融水。同时代的张源在《茶录》里说："饮茶以客少为贵，客众则喧，喧则雅趣乏矣。"既然人杂，话不投机，无法感受品茗的真趣，不如遵从许次纾的建议："若客众多，姑且罢火。"

我们今天能见到的最早茶画，要数唐代画家阎立本所作的《萧翼赚兰亭图》。此画现存于辽宁省博物馆，是北宋的摹本。画面右侧就是一个典型的三人茶席，坐在椅子上的是和尚辩才，对面戴帽子的书生是萧翼，二人中间的那位僧人，为无名氏。三人所饮的茶，就是左下角一叟一童正在鼎炉上用茶铫煎出的。

无独有偶，南宋刘松年的撵茶图，画面右侧也是一方三人茶席，席中一僧人伏案执笔，另两士人正在赏画、待茶；画面左侧

宋代刘松年的《撵茶图》。

有两个仆人，一人在磨茶，一人在点茶。

明代仇英的《赤壁图》，以素淡的笔触，描摹出苏轼在船上与两位好友闲游赤壁、吃茶清谈、"诵明月之诗，歌窈窕之章"的情形。白露横江、水光接天、远山近壁，成为这个前无古人的秋日三人茶席的宏大背景。三人喝茶时，苏轼观妙自怡，扣舷而歌，且喜且笑。人生真豁达者，莫若苏子也。

在这幅《赤壁图》中，引我注目的，是船头的茶童，他正蹲在风炉前吹火煎水。徐渭曾说：品茶"宜船头吹火，宜竹里飘烟"。不论是风日晴和，还是轻阴微雨，在船头吹火，在竹下煮茶，都是极其风雅的追求。这一点，"尝尽溪茶与山茗"的苏轼深有体会。

三人饮茶，可谈笑风生，可仰偃歌啸，可苏轼并没有忘记独自汲江煎茶、荒城独饮时的悲凉。"枯肠未易禁三碗，坐听荒城长短更。"苏轼于诗中虽然表达了夜深独饮的孤苦寂寥，但是在此刻，如果没有佳茗的陪伴与慰藉，他又如何禁得住这荒城长夜的人事长短、长短更声呢？

孔子曰："三人行，必有我师焉。择其善者而从之，其不善者而改之。"三人的一席茶，如欧阳修所言："泉甘器洁天色好，坐中拣择客亦嘉。"从择水、点炭、别茶、到赏器、泡茶、品鉴等，整个过程都充满了思辨、探讨与人文关怀。小处见大，人以群分，喝茶也需要有所为而有所不为。茶香袅袅、其乐融融

的一席茶中，三人共享着一壶茶的美好。择其善者而从之，茶便
成了择友与开启传统文化之门的钥匙。其不善者而改之，茶席也
会成为我们学习、改善、提高的媒介和平台。我们在品茗的端起
与放下之间，学会了分享、回味和断舍离，智慧、光明与无上清
凉，便于茶中冉冉升起。

三人茶席的设计，席主与客人，可以根据茶桌的方圆不同，
既可分列两侧相视对坐，又可彼此呈120度角，环列而坐。这倒经
常让我想起丰子恺的那幅充满闲趣、温情满满的茶画，其中题有
清代诗人何钱的诗句："小桌呼朋三面坐，留将一面与梅花。"

人是故交，梅是知己，物我相融，天趣盎然。那一面明艳的梅花，就是三人席中诗情无限、画意不尽的绝美背景。三人茶席，只要便于融洽交流，座次都是可以忽略掉的外在形式。

春天来了，我们设计的三人茶席，不仅要留将一面与梅花，也要留将一面与桃花、杏花、梨花、芭蕉等，其实这也是茶席美学空间里另一种形式的留白。

三生万物，神奇的"三"，代表着阴阳交感、天地氤氲，是万物的起点。古人还有三驱之礼，首先，因为夏季是动植物生长、繁衍的重要阶段。所以，狩猎只宜安排在春、秋、冬三季。其次，在打猎时要从三面追赶，留取一面让体力强壮的部分鸟兽有路可逃，而不一网打尽、涸泽而渔。围而不合，肃杀中有仁慈，也有悲悯。

三人茶席上，如是品赏绿茶，碗泡法很是相宜。碗面开阔，能够直观地欣赏干茶、茶汤以及叶底的翠绿春色。用茶匙分茶入盏，又可省去匀杯。提壶注水时，可利用茶匙的背面引流，使烧开的沸水缓缓流入碗中。茶杯的摆放，视主宾落座的方便和构图的要求，可呈品字形，也可呈一字形摆放。

## 五人之席，严谨方正

唐代诗僧皎然，是陆羽的缁素忘年之交，也是陆羽的老师。他的《晦夜李侍御萼宅集招潘述、汤衡、海上人饮茶赋》诗云："晦夜不生月，琴轩犹为开。墙东隐者在，淇上逸僧来。茗爱传花饮，诗看卷素裁。风流高此会，晓景屡裴回。"从诗中的描述可以窥见，这是诗僧皎然与潘述、汤衡、海上人、李萼五人的吃茶雅集。在这个唐代的五人茶席里，有琴声，有题诗，高朋满座，风流际会。茶会从没有月色的黑夜，一直持续到第二天黎明，大家仍乐此不疲，徘徊于茶席间，意犹未尽，不知东方之既白。

皎然笔下的"茗爱传花饮"，是指在这个五人茶席中，只有一只大的茶盏，在五个茶人之间传递着品尝。茶盏穿梭于茶席的花草间、卷素中，属于典型的唐代饮茶的传饮法，不同于现在每人各持一盏的分饮法。唐代的传花茗饮，又称花会、泛花。皎然在《送至洪沙弥游越》诗中有："早晚花会中，经行剡山月。"陆士修在《月夜啜茶联句》有："泛花邀坐客，代饮引清言。"此时，他们在雅集茶席上递传的是煎茶的壶，而不是花卉，这一点，类似于东晋兰亭的曲水流觞雅集。茶席上的传花茗饮，还是模仿、借鉴了唐代酒席上常见的击鼓传花助兴的模式。关于击鼓传花酒令，我们从清代《红楼梦》中还能看到一些片段，他们在

击鼓行令时，分别用过当季的梅花、芍药、桂花。

常见的五人茶席，是由一位席主与四位客人组成的茶席。由于五人席在茶会中应用较多，因此，我们常会把五人席视为基本茶席。四人茶席的设置，可以参照五人席。

早在1936年的《清朝野史大观》中，曾经详细介绍过工夫茶的四人席构成，这应该是关于工夫茶席的最早记载。其中写道："中国讲求烹茶，以闽之汀、漳、泉三府，粤之潮州府功夫茶为最。其器具亦精绝，用长方瓷盘，盛壶一、杯四。壶以铜制，或用宜兴壶，小裁如拳，杯小如胡桃。茶必用武夷。"在那时，喜好茶的中国南方，武夷茶已大行其道。假如客人来了，便置茶于壶，注满沸水并加盖淋壶。书中记载的长方瓷盘，其功能类似于壶承，用以承接淋壶的废水。其中的壶，如拳头大小。壶小泡茶，则香不涣散，味不耽搁。茶杯如胡桃大小，径不及寸，质薄如纸，色洁如玉，盖不薄则不能起香，不洁则不能衬色。这些实用的茶席美学观点，对于我们今天的茶席设计，仍有着极为重要的借鉴意义。

五人茶席，设置一壶五杯，比较严谨方正。五人茶席的最大活动界面、泡茶和分茶的行茶轨迹，尚在席主上肢可以伸展的最大正常活动范围之内，而没有影响到肢体动作的准确性。我们利用人体工程学的基本原理，曾对常见的几种茶席设计，进行过全面的推演和剖析。研究发现：三人茶席，是非常舒适恰当、能够

满足交际需要且品茶效果相对较好的构成。五人茶席，在保障席主能够灵活自如地泡茶、分茶，在能够满足人们心理和生理相对舒适的基础上，其茶会目标、服务人数等，可实现综合功能的最大化。陆羽《茶经》的"夫珍鲜馥烈者，其碗数三；次之者，碗数五"，也隐隐透出了茶席设置的一些玄机。因此，五人茶席是茶会活动中适于交流、效率最高、耗能最低的茶席。也是茶会中优先选择，应用最多的茶席构成。

## 七人之邀，品杯分区

我们在安坐泡茶时，席主身体允许的最大活动尺寸，决定了茶席的正常泡茶、分茶的面积大小，限定了其自主活动区域的最大范围。超过六人以上的茶席规模，席主泡茶时，上肢在前后左右四个维度的伸展，已经超越了自身的舒适极限。此时，要使席主能够舒适、自如、灵活地分茶，就需要增加一名助手协助，匀杯也可能要增加到两只。如果用盖碗或茶壶泡茶，就必须把前后出汤的两泡茶汤，混合在一起后再分茶，否则，茶汤会因人多而不够分配，也可能会出现个别客人分不到茶汤、或只能分到一点茶汤的窘况。如果人数在八人以上，为保证茶汤浓度的均匀，常常把出汤的第一水和第三水注入一个匀杯，把第二水和第四水混

合注入另外一个匀杯，由助手协助完成分茶。

在唐代的古诗文里，我看到过一个七人以上的茶席。颜真卿在《五言月夜啜茶联句》中记载过："泛花邀座客，代饮引情言（陆士修）。醒酒宜华席，留僧想独园（张荐）。不须攀月桂，何假树庭萱（李萼）。御史秋风劲，尚书北斗尊（崔万）。流华净肌骨，疏瀹涤心原（颜真卿）。不似春醪醉，何辞绿菽繁（皎然）。素瓷传静夜，芳气满闲轩（士修）。"这个唐代的七人茶席，是当时的湖州刺史颜真卿组织的。他们七个人宾主相敬，和诗吃茶。也是在一个安静的夜晚，高会群贤，七个人传递着素白的茶碗，共品着一盏茶，如同王羲之永和九年会稽山之阴的兰亭春禊，羽觞随流波。当时的具体规则为：茶碗持在手中，饮茶前，参与其中的每一个人，都要根据规则吟一句诗，并与前者赋写的诗句相联贯。联诗吃茶完毕，再把茶碗传递给下一个人，亦复如是。

七人茶席的设置，是茶会雅集人多时的无可奈何之举。明代陈眉公说：喝茶，"一人得其神，二人得其趣，三人得其味，七八人是名施茶，饮茶者愈众，则离品茶真趣越远。"虽然品茶以人少为贵，人多则喧闹，喧闹则雅趣失矣。但是，众饮得慧，得失相半。也不可为了一己之私而忽略了茶的社交属性，此刻的独乐乐不如众乐乐。即使沦落为施茶，也是一种值得赞美的茶的奉献精神。《维摩经》说："布施，是菩萨净土。"

陆羽《茶经》里讲："凡煮水一升，酌分五碗。碗数少至三，多至五。若人多至十，加两炉。"陆羽在唐代对茶席设置的认识，与我们今天基本类似。六个人以上的茶席，不仅泡茶分茶不方便，而且茶的内质与底蕴的准确表达，也会受到些许影响。因此，陆羽又说："茶性俭，不宜广，广则其味黯淡。"因为茶性俭，不耐泡，所以香韵俱佳的好茶，在三至五人参与时，可以喝三碗。稍次一点的茶，如果多至七人，可以喝五碗。人数少，喝三碗，能够充分体会一款好茶的香气与滋味。当多至七人之后，茶席可能会比较嘈杂，便很难安静地品茶与鉴茶，因此可以喝五碗，能够解渴就足够了。陆羽所讲的三碗与五碗之别，其本质就是品茶与解渴的差异。这段话，被《红楼梦》中的妙玉，解读为"一杯为品，二杯即是解渴的蠢物，三杯便是饮牛饮骡了"，如此，似乎有些失于厚道而过于尖刻了。在一个茶席上，如果偶然聚集了多至十人，那又该怎么办呢？陆羽说，要增加两个风炉煎茶。就像我们今天的茶会一样，假如参加的人数过多，就必须合理布局与调整，多设几个五人茶席，去妥善安排解决。

七人茶席的设计，茶杯要根据客人的多少，在茶席上进行分区、分组，可以左三右四，也可右三左四。2013年，在九华山甘露茶会的茶席设计中，鉴于来宾较多，所布茶席的面积较大，为了兼顾分茶的方便和取杯品饮的舒适性，我采用过茶杯分组的方法。把男客全部安排在茶席的左边，于是，在茶席的左侧，摆放

青花囍字茶杯五只，作为一组。男士用青花品杯稳重。三个女宾
在右，用胭脂红品杯清灵贵气。当时也是为了营造"红了樱桃，
绿了芭蕉"的意趣，三只胭脂红的品杯，便置于陈旧的木质花模
之上。茶杯分区，不仅方便了分茶吃茶，而且能够营造出茶席布
局的疏密有致，使茶席更具设计感、层次感和画卷感。

## 四季茶席，春华秋实

庄子说："天地有大美而不言，四时有明法而不议，万物有成理而不说。"节气的变换，万物的荣枯，四季的秀色，天地的大美，都蕴含在春生、夏长、秋收、冬藏的自然演化之中。与时俱进，不同的季节，有不同的寒温燥湿，有不同的花开花落，更有不同特色的茶饮。在流转的季节里品饮不同的茶，便勾勒出茶与节气相融合的不同的茶席，或清雅、或清凉、或朴素、或华丽。

唐代齐己有诗："鸟幽声忽断，茶好味重回。知住南岩久，冥心坐绿苔。"绿藓苍苔，松竹月下，是四季茶席永恒的标志。齐己还有诗："竹影斜青藓，茶香在白瓯。"从诗中可见，齐己在山寺花开时，在花鸟间，在绿苔上与友人喝茶。洁白的茶瓯与苔藓青青形成鲜明的对比，时而有竹影横扫，清风徐徐，倍添茶席清微。

青苔处处可见，虽然清冷卑微，却是茶席上能够塑造幽深鲜活的意象，尤其苔绿和落红的映照。西晋潘岳曾说："壁衣苍苔，瓦被驳鲜，处悴而荣，在幽弥显。"唐末郑谷诗有："染岸苍苔古，翘沙白鸟明。""淡烹新茗爽，暖泛落花轻。"诗人在春雨后的溪边淡烹新茗，有寒烟松风，有溪流飞鸟，有梵钟瘦僧，最妙的就是"苍苔古"与"落花轻"的映带，让这个野外茶

青苔，能够塑造茶席上的幽深鲜活意象。

席"此景吟难尽"。宋代辛弃疾，在《郊游》的"茗碗泛香白"时，就注意到了"梨花如雪"与"微记碧苔归路"的对比。

元代词曲家张雨，深居简出，因为有茶，才把寂寞孤苦的日子过得跌宕温暖。他的散曲《水仙子》，描述了别样的四季茶席。其中写道："归来重整旧生涯，潇洒柴桑处士家。草庵儿不用高和大，会清标岂在繁华？纸糊窗，柏木榻。挂一幅单条画，供一枝得意花，自烧香童子煎茶。"元人张雨虽是世家子弟，但他对茶生活的要求并不太高，一张床，一幅画，一炉香，一壶茶，更重要的是，还要有一瓶四时不同的得意插花。室雅何须大？高标清逸的人，可把柴桑过成繁华。远尘而不离世。只有悟

得生命真谛的人，才明了内心真正需要的是什么？什么才是我想要的生活？清闲无事，坐卧随心，虽粗衣淡食，一壶茶里能够安顿性灵，能够觅到真趣，足矣！

陆羽《茶经》云："夏兴冬废，非饮也。"明代黄龙德对此作了进一步发挥，他在《茶说》里讲："饮不以时为废兴，亦不以候为可否，无往而不得其应。"他在风花雪月的四季里，把茶

清画院《十二月月令图》九月局部。

从春饮到了冬；在林泉高致里，把茶从富贵饮到了清高。黄龙德的四季茶席，饮得风致高闲，幽然会心。知己清欢，五内芬馥。四时幽赏，可持盏觅句，可抱琴弹月，或影醉夕阳，或对花谈胜，真正是幽人素心。

与黄龙德同时代的高濂，更是风雅不甘落后。他在《四时幽赏录》里，记下了不同季节，在杭州西湖之畔喝茶的赏心快事。春季，他在虎跑泉边试新茶，"香清味冽，凉沁诗脾。每春当高卧山中，沉酣新茗一月。"夏季，苏堤赏绿，灵隐避暑，一盏清芬里，两腋生清风，还有指上的泠然《梅花》。秋季，西泠桥畔醉红叶，满觉陇里赏桂花，汲水龙井煮茶，心清神怡。冬季孤山月下看梅花，疏影横斜、暗香浮动里，携杯吟赏。"时得僧茶烹雪，村酒浮香，坐傍几树梅花，助人清赏更剧。"

古人饮茶，常与琴、棋、书、画、诗、香、花为伍，优雅清闲，于此便能窥见那颗清净、隐逸、无染的茶心。光阴荏苒，花开四时，学会苦中作乐，足助茗边幽赏。从花草的光影里，感受春夏的余味；从积雪闭门的萧瑟中，感受桃花梅雨的生动。忙里偷闲，能于顷刻间，放一下手头的琐事，放慢一下追逐的节奏，打开我们的诗心，睁开发现美的眼睛，我们的四时茶席，一定会更加津津有味、香沁枯肠。

## 春之翠席，生机盎然

春天是生发的季节，从立春到谷雨，万物始生，百花竞放，桃红李白，燕紫莺黄，翠色最是撩人。惊蛰后，可观可赏的绿茶，陆续开始采摘、制作、上市。清代周亮工的《闽茶曲》写道："雨前虽好但嫌新，火气未除莫接唇。"刚刚炒出的绿茶，寒火并重，少饮无妨，但不可在春寒料峭的春天里饮用太多。早春时节，寒气未消，冬季郁积在体内的寒邪，又尚未散尽，此时，芳香解郁、温透散寒的高香茶，或是往年已经退火到位的武夷岩茶、凤凰单丛、正山小种红茶，都是我们健康喝茶的不二选择。浸透着自然花香的传统茉莉花茶、用绿萼梅熏制的顾渚紫笋、陈化良好的普洱茶、老白茶等，也常常见于茶席之上。

茶类不同，其外观、汤色、滋味各异，席布和茶器的选择，便会自然有所不同。春光烂漫，花材相对于其他季节，选择的余地较大。茶席插花的主色调，不能与茶汤的色彩相违和，最好能把茶汤衬托得更加亮丽清透。春季茶席上，经常使用的花卉，多为梅花、兰花、水仙、樱花、桃花、杏花、海棠、玉兰、连翘、牡丹、芍药、木瓜、凌冬的石榴、无名的山花，等等。

例如：在瀹泡凤凰单丛、茉莉花茶等高香茶的茶席上，可以选择娇媚无香的海棠。海棠的红粉妖娆，与橙黄的茶汤，正好形成美妙的映照。此时的茶意，真应了"自今意思和谁说，一片春

心付海棠"。如果是汤色深红的普洱茶、武夷岩茶等，可以选择素白淡雅的梅花、玉兰、水仙等，白花一簇，映照着红中透亮的茶汤，顿生踏雪寻梅之妙。

在唐代，有一个著名的春日茶席，见于吕温的《三月三日茶宴序》，其中写道："拨花砌，爱庭荫，清风逐人，日色流兴，卧指青霭，坐攀花枝，闻莺近席羽未飞，红蕊拂衣而不散，乃命酌香味，浮素杯，殷凝琥珀之色，不令人醉，微觉清思，虽玉霞仙浆，无复加也。"这个茶席野趣盎然，也很自由潇洒。参与其中的人们，既可躺在草地上，指点白云霞雾，又能坐攀于花枝间，逗引茶席旁边的黄

明代丁云鹏的《煮茶图》，
玉兰花下一席茶，
画中可见竹茶炉、朱红茶托、白色茶盏等。

莺。春色醉人，伊人不醉，是因有茶，才让人微觉清思。在这个唐代的春日茶席上，白色的盏里，茶汤殷红，如琥珀般美丽。这让嗜茶的我，有点读不明白，以绿茶为主的唐代煎茶，怎会出现通过氧化、发酵、焙火之后才有的红汤茶呢？茶汤里的色素究竟来自于何处？是煮茶时添加了大枣、橘皮、桂皮、茱萸等调味辅料的原因吗？除此文外，在唐宋的其他文献里，没有留下任何关于红汤茶的记载，这也是我比较关注这个特殊茶席的原因之一。

南宋罗大经在《山静日长》中，写过一个光影浮动的春日山居茶席。他在睡足午觉之后，汲山泉，捡松枝，煮苦茗。啜茗时的茶席空间，则是"苍藓盈阶，落花满径，门无剥啄，松影参差，禽声上下。"苍苔无心的"绿"与落花不需扫的"红"，门前无人来访的"静"与参差松影里的鸟"鸣"，均构成了春色里强烈的对比美。主人在如此妙绝的娴静时空里，闲世人之所忙，在睡足之后独享着山中一杯茶的愉悦。此身饮罢，早已忘却营营，于是娱情遣性，独立小桥风满袖，看夕阳在山，听牛背低声，而月印前溪矣。

另有，唐代权得舆以手托腮，闲啜茗花，映入他眼帘的是"杏林微雨霁，灼灼满瑶华"。贯休在春光蔼蔼中，茶烹绿乳花映帘，窗中是山色青翠粘，窗外是"白桑红椹莺咽咽"，"水娇草媚掩山路"。明代杨基的"新火新烟煮茶"，茶席的背景却是"长眉短眉柳叶，深色浅色桃花。"傅山也喜欢在花红柳绿中喝

茶，春风习习中，他却"满冠缀杏花"，细端"杯云堕绿芽"。

此情此景，春深春浅，怎能让人不向往春天？我们可以去樱花林中、玉兰树下，布席吃茶，也可浓烈如"木棉花下见桃花"。春红叶翠，花雨翩飞，正是春天茶席最美的亮点与底色。


## 夏之暑席，无上清凉

春天过后，芳菲歇去，夏木阴阴最可人。立夏节气的前后，高等级绿茶的炒制接近尾声。武夷山三坑两涧的正岩茶，才开始毛茶的制作。桐木关的正山小种红茶，也在发酵、焙火。其后，日复一日，暑热逼人，绿茶、白茶、普洱茶的生茶等寒性较重的茶，开始当家。夏季的茶席，常以简淡翠绿的色调，以营造夏日的清凉之美。

始梅花，终楝花，二十四番花信风，到谷雨时止。立夏前后，"梅子金黄杏子肥，麦花雪白菜花稀。"这个季节，春花落尽，像苏轼词中所写的"踏散芳英落酒卮""一点微酸已着枝"。此时的梅花谢幕，微酸的青梅才那么一点点，刚刚挂上枝头。其他的果木花卉，与清幽高标的梅花一样，都已饯别花神，告别春天，因此，绿肥红瘦的夏季，是寻找花材比较尴尬

的季节。

幸好，还有蔷薇、石榴花、荷花、木槿、蜀葵、无名的山野之花等，可清供于茶席之上。夏季的花，虽然不多，但却有着强烈的时令特证。如：荷花，尤其是木槿花。《礼记》记载："夏至到，鹿角解，蝉始鸣，半夏生，木槿荣。"也就是说，只有到了夏至，木槿花才开始盛开，繁花似锦，朝开暮落，这都是节气的力量使然。

南宋陆游在《睡起书触目》诗中，描述过一个夏日的茶席。诗云："压架藤花重，团枝杏子稠。"刚刚入夏，天气还不是很炎热，院子里的紫藤花开了，青杏缀满枝头。诗人午睡初醒，紫藤花下一瓯茶，以寄雅怀幽兴。紫藤花落午风微。一架紫藤就是夏日的一方清凉，无论是在中午，还是在清晨、黄昏，茶席上若配以明黄的匀杯、品杯，这种黄与紫的映衬对比，清丽浪漫得足可入画。金元时期，赵秉文的诗词中，写过一个绝美的夏至清晨茶席。诗云："红日转阶帘影薄，一双蝴蝶上葵花。"诗人睡起，准备喝茶，在晨曦中、朝霞里，"别院铜轮碾新芽"。

夏日的茶席，往往品饮绿茶、白茶较多。而绿茶的瀹泡，要突出其形美、色绿、汤绿和叶底的芽叶纤秀。因此，在展现绿茶的茶席上，花材多选细碎的白花。白茶的汤色，因年份的不同，汤色从淡黄、橙黄乃至橙红不等。若是在以白茶作为主题的茶席上，再用白色的花卉装点，从感觉上似乎有些欠妥。若选择一枝绿叶簇拥着的半开红花，会很好地提升茶席的亮点。白茶的意象与汤色的橙红、汤色的橙红与绿意的对比，容易激发起人们的文思与联想。

我也经常在想，也有过类似的茶席体验，如是在开满山坡的梨花树下，设一茶席，瀹泡有些年份的老白茶，胭脂红的茶汤里，映照着雪白的梨花，在如斯的光景下，白茶的前世与今生，一定会让人恍兮惚兮。如是这样的茶席，再设插花便是多余。当花瓣簌簌地落到茶盏里，或"拂了一身还满"，茶汤里本然的梨花气息，便是可遇不可求的席意了。

好友木白，曾在云南大理的梨花岛上，设席"晴雪"。他用一块矩形的镜面，替代席布。百年梨树的苍枝纵横、花开如雪，便如画般地辉映在茶席上。泡茶区域的木盘前，巧妙堆一白色的大理石枯山水，又似洱海边的美丽滩涂。如此设计，不但能表现出梨花岛的"千树万树梨花开"，而且茶席的平面，又恍如洱海的平静湖水。那倒映在镜面里的梨花，又让人瞬间产生了梨花倒影在洱海水面的错觉。此刻，梨花满席，花映水鲜。如果在茶席上再增加插花点缀，真成了费力不讨好的累赘之物，这便是"晴雪"茶席的妙思成功之处。

我曾在夏日的荷塘边设席，清供一枝白荷，与朋友瀹饮白针金莲。白针金莲是普洱茶中的女儿茶，产于20世纪80年代。干茶芽细若针，白中泛黄，其香若荷。开汤桃花水红，似美人微酡，香如十里芰荷，入口濡润甜滑，一股清灵的回甘与芙蓉初绽的香气，在唇齿间徘徊复徘徊。夏季的荷塘边，清幽的荷香弥漫，白针金莲因具荷香，同气相求，最是相宜，茶香里又"别有池塘一种幽"。这种茶与茶席、茶与自然环境的熏染沟通，确实令人陶醉神往、着相入梦了。

## 秋之美席，绚烂之极

春华秋实，橙黄橘绿，秋天是层次最丰富、最华美的季节，树树深红出浅黄。春水秋香。春天的茶，生长慢，内质丰富，茶汤细腻；秋天的茶，白毫密布，香高张扬，尤其是红心铁观音，以寒露正秋茶为珍。白露节气后的武夷山，诸多品种的正岩茶，开始走水焙火、炭焙精制。寒露前后，当年的春季正岩茶相继上市，岩骨花香，香清甘活。

秋气堪悲未必然，清寒正是可人天。秋气干燥，气温适宜，是布席喝茶的好光景。秋天是收获的季节，不但果实累累，而且叶色斑斓，一枝红叶，一串野果，都是茶席上的嫣然灿烂。菊花是秋季茶席的隐士。除此以外，桂花、芙蓉、火棘、红枫、红蓼、无名的野果等等，都散发着浓郁的清秋况味。秋阴不散霜飞晚。秋雨中的枯荷与莲蓬，在茶席上，更是别具意象。

描写秋季之美的茶席背景，在古诗词里随处可见。宋代陆游有"茶灶炊烟野寺秋"，王廷珪有"野寺石泉秋煮茗"。以上的诗句，似乎有点悲凉孤寂。同时代的赵湘，其诗里的茶境、光影的变化，写得深邃耐读。其诗云："公堂伴语山光入，秋阁尝茶树影移。石上琴尊从赏月，水边台榭许题诗。"赵湘的一席茶里，有琴声月色，有亭台水榭，茶盏里有光影暗渡，秋阁中有茶梦千重。"桂花留晚色，帘影淡秋光。"茶席上，有几分妙有的

光影，便会增加几分生动。

深秋的茶席，要数郑板桥的《小廊》写得绝美。其诗云："小廊茶熟已无烟，折取寒花瘦可怜。寂寂柴门秋水阔，乱鸦揉碎夕阳天。"只要有茶，小廊的空间里，小一些又有何妨？折一枝清瘦傲霜的菊花，望着柴门外共长天一色的秋水，在夕阳中啜着一杯茶，容膝何妨啸傲。

对菊喝茶，唐代皎然在《九日与陆处士羽饮茶》诗有："九日山僧院，东篱菊也黄。"明末范景文《初尝秋茶》诗有："虚窗菊影印疏斜，拣得山泉共试茶。"窗影、菊影、竹影、灯影、枝影等，都是表达秋日茶席之美的妙绝神助。疏影上窗来，风动犹疑画。

人生一世，草木一秋。自古逢秋悲寂寥。秋日虽有花落水瘦、满目衰败的凄凉，也不乏秋收、成熟的欣喜。秋天的茶席，色调丰富，用以慰藉渐渐远去的绚烂。秋风渐凉，能从席意中，感知到温暖，喝出收获的喜悦，便是用心了。秋日里，我喜欢在茶室里，插一枝故乡道旁的红叶黄花，焚一炉沉香，香烟袅细，花影斜晖，相伴的是一壶炭焙的传统铁观音，在浓浓的苦涩的茶汤里，多少会有点悲秋思乡的味道。上品的沉香，能够提升茶席的层次和氛围，闻起来却是清凉。细品，与茶一样，咽喉也会有明显的回甘。

## 冬之素席，内敛养藏

春生夏长，秋收冬藏。当万物开始沉寂、红消香断之时，山坳里的茶树，开始凝聚花蕾，花开冬季，清冽幽微，香漫山野。茶树的果实，也在冬季里孕育，这就是茶的高标俊逸、与众不同之处。

夏饮绿，冬饮红，一年四季喝乌龙，这是国人传统的基本认知。冬天到了，春天的红茶，经过夏、秋季的退火涵养，比春季刚刚做出时，更加温润清凉，正好适合立冬后人体外寒内热的特点。只要遵循自然规律，与时俱进，便会发现：万物各得其和以生，各得其养以成，各随其时，各有至妙。严冬里，台湾地区有采冬茶的习惯，称之为冬片。潮州的凤凰单丛，在立冬后的小雪或大雪节气采制的茶，一般叫做雪片。冬季采的茶，产量少，香气浓郁，滋味里妙含着特有的清凉感，很是迷人。但是，冬天是茶树孕香育味的沉寂阶段，如过度采摘冬茶，势必会影响到春茶的产量和品质。与茶席的设计一样，恰如其分才是最美。因此，万事万物，过犹不及。对度的控制与把握，攸关着人的内心与事物的品质。

唐代诗人元稹，写下了著名的《菊花》诗："秋丛绕舍似陶家，遍绕篱边日渐斜。不是花中偏爱菊，此花开尽更无花。" 元稹认为，秋去冬来，天寒气冷，菊花落尽，已没有多少花卉可以

装点这个世界了。可是，他还是忽略了茶山洁白的茗花，溪畔的山茶花、案头的水仙花，山野里的蜡梅花。能够傲然于风雪中盛开的，都是更有品格的花。有格调的花，最适合装点提升茶席的品位，更能进一步诠释茶席的内涵。除此之外，红透的南天星，娇黄的佛手，翠绿的菖蒲，不起眼的青苔，都是茶席清供的上佳选择。

关于冬天的茶席，古诗文里描写梅花的较多。宋代葛绍体的《洵上人房》诗写道："自占一窗明，小炉春意生。茶分香味薄，梅插小枝横。"我们如果能仔细体会一下这个冬日的茶席，就会感觉清雅无比。诗人独自坐在窗前饮茶，红泥小火炉里炭火正炽，煮出满室的温暖春意。水沸点茶，茶香熏人。茶桌上一枝半开的梅花，横插在胆瓶里，暗香披拂。若是没有这花、这茶，又该如何排遣这冬夜的清冷与寂寥。

宋代杜耒的茶席中，也写到了纸窗和梅花，但他恰当地运用了"隔"的美学手法，似乎更加含蓄一些。他在《寒夜》诗中写道："寒夜客来茶当酒，竹炉汤沸火初红。寻常一样窗前月，才有梅花便不同。"在这个宋代茶席上，我们能看到的，有竹炉、水沸、炭火正红、还有那扇纸窗。诗人与寒夜来访的朋友，以茶代酒，相对而酌。但是，今夜却是大不相同了，因为月色正好，因为窗外的梅花盛开了，投影构图在那扇窗户之上。花枝摇曳，如写意水墨洇洇淡开。开出一室的春意盎然，哪里还有冬日的凄凉萧瑟啊？这席茶，前无古人，古典醇厚，暗香浮动了千余年后，至今我们还在回味着。 这种诗意而朦胧的美，元末杨维桢在《煮茶梦记》里写过："月微明及纸帐。梅影亦及半窗，鹤孤立不鸣。命小芸童汲白莲泉燃槁湘竹，授以凌霄芽为饮供。"待"月光尚隐隐于梅花间，小芸呼曰：凌霄芽熟矣。"

寒夜的窗户，是冬季茶席的眼，也是点睛之笔。唐代司空图的"中宵茶鼎沸时惊，正是寒窗竹雪明"，透出的是雪夜竹影；明代徐渭的"倾七碗，对三人，须臾梅影上冰轮"，看到的是月夜梅影；同时代杜茶村的"高窗斟苦茗，远壑见灯影"，是隐约的窗中灯影。我们透过寒窗，所能看到的郑板桥的茶席，则是"乱插小桃英"，"寒窗里，烹茶扫雪，一碗读书灯。"茶席上的读书、喝茶、插花、焚香，是用诗意浸润生活，也是格物悦己。借用王阳明先生的话讲："你来看此席时，则此席颜色一时明白起来，便知此席不在你的心外。"

春有百花秋有月，夏有凉风冬有雪。风花雪月，虽然都可入席，但是，冬日茶席里的梅花与茶，其精神，其底蕴、其品格，温暖、激励了国人数千年。

夜扫寒英煮绿尘。虽然感觉清新，但却过于清冷。冬季的茶席设计，要用格调冲淡枯寂，要体现出温暖贴心。千利休在日本茶道的四规七则中说："做茶事，要使人感觉到冬暖夏凉。"因此，冬天的茶席，需要通过插花、茶汤、茶器的色调、席布、借

冬日茶席上的梅花杯托、梅花杯。

景等，营造出温馨与关怀。让人从孤寂中看到明媚，从萧条中窥到春色，从积雪中望见春水，从寒冷中觉知春意。冬天来了，春天还会远吗？从茶里感知到春天，品味出人生的温暖和希望，就是冬之茶席的要旨。

## 主题茶会，突出席意

我们常见的主题茶会，一般是以多个茶席并列的形式呈现的。主题茶会的茶席，要有所表达，它所表现的可能是某个事件、某个节日、某种茶类、某个宗教题材或纪念活动，等等。

历史上有许多著名的茶会。例如：在唐代，江南地区是贡茶的主要产地，每年在贡茶开采前，太湖周边的苏州、常州、湖州刺史，都要在江苏宜兴和浙江长兴交界处的啄木岭举办茶会，于此鉴茶、斗茶，并商议新茶的开采、品控、产量等诸多问题。他们喝茶议事的地方叫境会亭，遗迹至今仍有踪可循。唐代宝历二年春，白居易任苏州刺史，因病未能参加此次茶会，却写下《夜闻贾常州崔湖州茶山境会亭欢宴因寄此诗》，见证了这一年的盛会。其诗云："遥闻境会茶山夜，珠翠歌钟俱绕身。盘下中分两州界，灯前合作一家春。青娥对舞应争妙，紫笋齐尝各斗新。自叹花时北窗下，蒲黄酒对病眠人。"白居易在诗中，真实记录、再现了他们过去举办茶会的热闹景象，山上亭下，春色宜人，松风竹影中，有歌舞助兴，有紫笋飘香。

名闻遐迩的径山茶宴，受到唐代怀海禅师《百丈清规》的影响，于南宋正式形成。其程序已经相当规范、严谨，它包括了张茶榜、击茶鼓（或敲钟）、恭请入堂、上香礼佛、点击茶汤、行盏分茶、烧香敬茶、说偈吃茶、谢茶退堂等。宾主或师徒之间用"参话头"的形式问答交谈，机锋偈语，慧光灵现，成为中国禅茶文化的经典样式，也是日本茶道形成的源头活水。径山茶宴，本质上就是径山寺临济禅宗以茶会友、以茶食为主、与社会大众建立良好互动的茶汤会。径山茶宴在南宋时期由日僧传到日本，最后广泛影响到下层社会，形成今天的日本茶道。

在宋代径山茶宴形成之前，茶宴、茶会已流行于中国的文人、士大夫阶层。唐代钱起

宋徽宗《文会图》。

的《与赵莒茶宴》诗云："竹下忘言对紫茶，全胜羽客醉流霞。尘心洗尽兴难尽，一树蝉声片影斜。"该诗是茶会后的乘兴追忆之作。钱起和他的朋友在竹林下、松影里，品尝着顾渚紫笋茶，赛过神仙之逍遥。尽管有一树的蝉鸣林噪，他们照样喝得两腋生风、物我两忘，把尘心洗尽，却茶兴难尽。

历史上比较著名的，还有宋徽宗的《文会图》，它描绘的也是一场由近十位文人雅士参与的茶会。竹木繁荫下，众人在寒暄、持盏、行礼、赋诗，不远处有童子在点茶、分茶。茶席上，茶床、茶炉、都篮、汤瓶、茶杓、茶盏、茶托、茶盘等依稀可见。煎水点茶、焚香抚琴，琴罢品茗，一派闲雅清穆气象。

近几年，我也组织并参加了很多主题茶会，受益匪浅。2012年3月的醉东风云茶会，在云南大理的梨花岛举办，这是一场为春馔行的主题茶会，我在百年的梨花树下，布席"一树梨花一溪月"，清供一枝梨花，探花问月，轻煎溪水，茶香氤氲。

2013年7月的五台澄观茶会，是一场关于佛教主题的茶会，分别在山西太山的龙泉寺和五台山的关帝庙相继举办。我布席"枯木问禅"，用一方枯木与红袖添香的茶汤，作为茶席的构图中心，明晰地诠释了佛教的枯木禅这个公案。该茶席的旨趣，在于"枯木逢春，自然而然。在尘出尘，在色不染。观空不空，枯木不枯。澄明自性，真空妙有"。枯木置席，略显悲凉，我选择了一枝水红的蜀葵与金黄色的茶汤映照，便冲淡了枯木的冷寂。"僧家亦有芳春兴，自是禅心无滞境。君看池水湛然时，何曾不受花枝影？"唐代吕温的这首禅诗，能够准确地揭示出"枯木问禅"茶席的内涵。一席茶中，幽谷清风，无上清凉，澄怀观道，不落枯空。真是"自笑

花枝相伴,一盏顾渚紫笋茶。

禅心如枯木,花枝相伴也无妨"。是啊!只要我们自性不迷,在人生旅途里,即使有花枝相伴,又有何妨?

　　2014年4月,为庆祝济南静清和茶斋开业,我邀请云南的迎新、湖南的茗仙、四川的阿牛、常州的陈晶、东营的张良杰,在济南举办了"清和济济"的琴茶雅集。因为是开业的庆典茶会,茶席的供花,我特意置备了寓意富贵吉祥的牡丹、芍药、松枝等。济南又叫泉城,活火煎活水,用新汲的泉水,瀹泡当季的新茶,共品一盏新绿,因此这个主题茶会的茶席命名,自然都会与济南的泉水息息相关,例如:且以泉为名,煮泉听香,等等。

## 野外茶席，瞰泉临涧

当旅游休闲成为生活的常态，众多的野外茶席，便会应运而生。野外喝茶，往往是亲朋好友，三五知己，在郊野，在旅途，煮一壶茶，解渴、闲谈、小憩、提神，放慢自己走马观花的节奏，提高冶游赏景的深度。

野外茶席，随心所欲，自由放松，无所拘谨。茶泡浓了，自有浓了的滋味；茶泡淡了，便有淡了的味道。只是在茶会结束后、离开时，把来时的茶器，认真地整理包装好，并把喝茶过程中产生的垃圾全部带走，保证离开时的环境与自己初来时一样，就没有降低野外茶席的格调和品质。来过，却又像不曾来过。

2019年武夷山游学，带同学们去户外茶会的路上。

陆羽在《茶经·九之略》中，明确论述过野外茶席的布置及其注意事项。他说："其煮器，若松间石上可坐，则具列废。用槁薪、鼎之属，则风炉、灰承、炭挝、火筴、交床等废。""若瞰泉临涧，则水方、涤方、漉水囊废。但城邑之中，王公之门，二十四器阙一，则茶废矣。"陆羽认为，在山野里喝茶，如果煮茶的器具，能够放置在松树间的山石上，则茶棚等陈列茶器的器具，可以大胆省去。如果能够直接利用山野里的枯枝煮茶，则风炉等相关的茶器，就不需要再携带了。如果在泉畔或清涧边喝茶，盛水的器具，洗涤茶器的涤方和滤水囊，就是多余和累赘了。能简则简，远路无轻载。但是，陆羽又强调，凡是在正规场合的标准茶席，如"城邑之中，王公之门"，就不能贪图一时的方便，而随意省略掉其中的任何一种器具。即《茶经》里规定的二十四器，一样都不能少。从中我们可以看出，茶席的简素是有前提的。野外吃茶，放逐身心，追求闲情野趣，故能简则简。假如是在正规的场合，不仅茶席上的茶器要尽可能的完备，而且还需持恭敬心与应有的仪式感。例如：2013年，我在大唐贡茶院布置的茶席"应作如是观"。此时此刻，完备的茶器组合，必要的仪式感，不仅是尊己悦人，也是个人优雅、自信、认真、素养的外在表达。

从古至今，反映历代野外茶席的诗词很多。苏轼诗云："酒困路长惟欲睡，日高人渴漫思茶。"陆游诗有："寒涧挹泉供试

墨，堕巢篝火吹煎茶。"宋代朱熹有《茶灶》诗："仙翁遗石灶，宛在水中央。饮罢方舟去，茶烟袅细香。"诗人陆游在野外喝茶，从山涧里汲取泉水，用坠落下来的鸟巢枯枝生火煎水。朱熹来到武夷山的玉女峰下、九曲溪畔，在古老的石灶上煮一壶茶，饮罢乘舟离去，茶烟在水面上荡漾绵延着。就在同一个地方，同时代的袁枢，也写了首《茶灶》诗："旋然石上灶，轻泛瓯中雪。清风已生腋，芳味犹在舌。"我多次在武夷山清幽的止止庵里，在碧水丹山的九曲溪畔喝茶，泉洌茶香，芳味在舌，至今记忆与感触犹新，让人留连忘返。千岩万壑，一溪潆洄，青山白云，如何止止？于此吃过茶的朱熹和袁枢，一定仍会有故地重游的强烈愿望。何时再棹孤舟，来石灶上煎水点茶，重温一下武夷茶的岩骨花香？

日长知道游车倦，自汲新泉唤饮茶。2012年10月的国庆黄金周，由我提议，与云南迎新在网络上召集了一次"云下——户外清秋茶席"活动。当时记得号召大家，外出休闲度假时，别辜负了身边的美景，把茶席作为生活美学的延伸，让生活艺术化，藉此把这种味趣和无声的美，渗透到平时喝茶的一言一行之中。我们提倡在白云下，溪流旁，林荫下，松风中，随兴吃茶。可采蒲草为席，汲山泉煎茗，不拘一格，享受其间的清趣自在。我的茶席"云白柿红饮南山"，迎新的茶席"梅子熟时"，冀川兄在阿尔比斯山下的茶席，李东在泸沽湖的茶席，木白在濠上的茶席，

西安王栋的"终南茶韵",安徽两且在八公山的"遇见",等等,茶盏畔呈现的湖光山色,种种美好,精彩纷呈,不一而足。由此浸透着诗情画意的那段美好的茶时光,令人追忆,令人神往。不应辜负花枝去,且嗅清香倍饮茶。 这就是茶与茶席美学润物细无声的力量与显现,也是能够安顿心灵、滋养身心的无用之美。

关于这次野外茶席汇成的精美图文，被数家杂志刊登并转载，引起了业界的广泛关注。后来，迎新对本次活动总结道："晴好秋日，共此云天，吾辈茶人携盏提壶，坐饮松下、溪边、竹畔，或独啜问道，在一盏间体悟山水真意，茶中三昧；或与父母儿女同饮，亲情融融，温暖可人；或三五良友小聚，知交会心，临风快意；或在闹市自辟蹊径，忘忧红尘。各茶席新意迭出，取山川草木之灵秀，拟古人幽境，茶间不乏诗心文眼。随意设席，处处可席，不拘泥于器皿、形式，实乃吃茶之天真烂漫本意！"迎新此论，可谓一语道尽野外茶席的真意。

泉城济南的溶洞风景区里，有个落花泉。泉水从岩壁上渗出，轻轻滴落在狭小的泉池内，激起圈圈涟漪，犹如落花而得名。落花泉边，人迹稀少，泉水甘洌，有益茶香，是我常去布席喝茶的地方。在落花泉边，喝完茶后的杯底，留香的时间的确深长，难道真如唐代贯休诗中所说"带香因洗落花泉"？"未雨草常润，落花泉带香。"落花泉是个四季皆美的喝茶之地。无论何时，与友泉边布席，煎水煮茗，都会是惬意风雅之事。在落花泉边，吃茶插花，纯属多余，美丽的泉名本身，已经是花意、诗意无限了。

茶席禁忌，古今有之

茶会的一点一滴，行住坐卧，体现着参与人的态度与修养。

　　茶会是一场关于茶的表达，是心灵交流的盛宴，也是一场充满意趣的雅集。此地尽能开眼界，远行不为好山川。在茶席上，能结识爱茶的人，能品到心仪的佳茗，能欣赏到别具特色的茶器，能遇到相似的灵魂，也能学到渴求的专业知识。茶会是种种美好因缘的和合，因此茶聚的时刻，特别受到茶人们的珍视。从茶席的布置、插花、煮水、提壶、瀹茶、分茶到焚香、听琴、品饮、回味等，不惟坐席中的主客是一期一会，茶汤与当下的花姿，当下主客的心境，当下席上的光影等等，均是不可重逢的一期一会。

　　怀着感恩之心，去参加一场别开生面的雅致茶会，是人生的一件快事。为避免在难得的茶会中留下遗憾，就需学些茶席的必要礼仪，知晓一些茶会雅集的相关注意事项。

　　北宋欧阳修诗云："泉甘器洁天色好，坐中拣择客亦嘉。"客嘉，是开好一场茶会的必要条件。客嘉在苏轼的茶诗里，即是

"坐客皆可人"。"可人""天色好"与"泉甘器洁",是宋人点茶的三个必要条件。违此,即是宋代谚云的"三不点"。明末冯可宾在《岕茶笺》里,总结了适宜品茶的十三个条件,分别为:"无事、佳客、幽坐、吟咏、挥翰、徜徉、睡起、宿醒、清供、精舍、会心、赏鉴、文僮。" 与此同时,他也提出了与茶不合时宜的七条禁忌:"不如法, 恶具, 主客不韵, 冠裳苛礼, 荤肴杂陈 , 忙冗 , 壁间案头多恶趣。"其中,"不如法",是指个人行为与茶会规则相背离,或泡茶与品茶不得要领等方面。"恶具",指的是类似出土的不吉利的茶器,设计不合理或不适合泡茶的器皿,或不清洁的泡茶、品茶器皿等。"主客不韵",指的是主人与客人的衣着不合时宜或不雅,谈吐粗俗等。"冠裳苛礼",是强调在喝茶时,衣着要朴素随意,不要身着官服或太过严肃的服装,也不需要官场或商场的寒暄与严肃礼仪等。喝茶从大部分人的精神层面来讲,不就是为了追求个体的愉悦和生活的诗意吗?何必把自己搞得紧张兮兮的,这有违喝茶的初心与本真。"荤肴杂陈",是讲不要把有腥味、有异味的食品和饭菜,与茶放置在一起。"忙冗",是说在茶席上不要过于匆忙、邋遢,或忙于他事,或沉浸在手机的微信、微博、电子游戏、网络直播中,而无心泡茶或品茶。"壁间案头多恶趣",指的是茶室或茶席布置混乱、不雅,格调趣味不高,等等。

徐惟起在《茗谭》里说:"饮茶,须择清癯韵士为侣,始与

茶理相契。若腥汉肥伦，满身垢气，大损香味，不可与作缘。"
朱权在《茶谱》中，讲得更是直截了当，他说："啜茶大忌白
丁，故山谷曰：著茶须是吃茶人。"喝茶，尤其在夏秋季，不可
浑身酒气、满身垢气、满嘴烟味、衣着邋遢等。但是，徐惟起和
朱权对喝茶人的身态、受教育程度等提出的某些要求，明显是有
些过高与刻薄了。喝茶要有平常心，缺乏烟火气的那杯茶，注定
是孤独清冷的，也是严重脱离生活实际的。还是苏轼说得好：
"且将新火试新茶，诗酒趁年华。"

　　古人对茶席的仪轨及注意事项，已经说得非常明白，结合我
们今天的实际情况，还需要再补充一下。

　　茶会的举办，一般都会有主题，在召开之初，通常都会发放
邀请函或茶会的日程安排、注意事项等。赴约的嘉宾，尽量要提
前一刻钟入场，签到后，要认真阅读茶会的约定，并服从茶会工
作人员的安排。

　　参加茶会，首先要衣着素雅松弛，女士不要浓妆艳抹，也
不宜用过于浓烈的香水。入席前，要询问或寻找自己在茶席的落
座位置，有的放矢，对号入座。落座后，坐姿优雅放松，并主动
向席主和其他宾客问好。茶会开始后，手机要求关机或打到震动
状态。如有急事接听电话，必须轻声离席，在声音干扰不到茶会
的地方接听电话、处理私事。席主泡茶时，在座的诸位，尽量不
要讲话，不隔席、隔人大声讲话，相邻人员如需交流，声音以不

影响到第三个人为佳。席主分茶时，要微笑示意表示感谢，不可把辛苦泡茶的席主、错误等同于餐厅的服务人员看待。调整座椅时，不得令坐具作声。取放茶盏时，要尽量轻拿轻放，以免磕碰茶器或发出刺耳的声响。品茶时，尽量不要以口气吹茶，也不要发出不雅的吞咽声响。在茶会进行过程中，要遵从茶会的规定，最好不要随意拍照或离席走动拍照，以免影响到茶会的秩序与他人情绪的安定。茶罢离位，神态安详，要与席主和在座的诸位礼貌告别，不得急行大步及有拖鞋踏地之声。

日本的《杉木普斋传书》强调："主人在拌和浓茶时，客人不经意地搭话，是没有茶道修养的行为。"日本茶道虽然要求点浓茶时，要保持绝对的安静，不允许有任何的声响，但是，喝过浓茶之后，主人会再为每一位客人、各点一碗薄茶。在点薄茶时，客人就可以静静地交谈了。我们国内的茶事活动，重在品茗交流，不交流便失去了茶会雅聚的意义。即使在茶道仪轨森严的日本，客人之间都是可以安静交流的，因此，我不太同意当今茶会中绝对"止语"的严苛要求。在茶会的活动进行过程中，人与人之间，不是不可以交流，但需安静轻声，以不影响到第三个人为度。

茶会的一点一滴，行住坐卧，体现着参与人的态度与修养。一场清心安静的茶会，需要每个人的默默付出和倾心支持，才会让自己安于当下，在细节之美中慢慢吃茶听香。

茶会结束后，废水、茶渣以及茶会产生的垃圾，都需进行必要的分类，并听从工作人员的安排，能利用的应尽量回收利用，不能利用的，要定点倾倒于指定的位置。一切收纳工作，要有条不紊，珍惜资源，爱护环境。尽量抹掉自己的碳痕迹，方不负这席有滋有味、优雅养心的茶。

# 后　记

泉城的初秋，济南潇洒似江南。国内爱茶的新知旧友，常常因茶而聚，在济南的静清和茶斋，插花、挂画、焚香、吃茶，把枯燥的日子过得有滋有味，不亦乐乎。

某日雅集，山东建筑大学的孔亚暐先生突然对我说："张老师，看你经常组织、参加国内的茶会雅集，常常给学生讲解茶席课，对此研究得也比较深入，为何不写一本关于茶席的专著与众友分享呀？独乐乐不如众乐乐。"我当时听完不禁一愣，惴惴地说："喜欢茶席设计是一码事，但真要埋头去把茶席设计的专著写好写透，又是谈何容易啊！"这看似不经意的一问一答，却如幽谷清涧里的一枚茶籽，慢慢地在我心里开始生根发芽，这就是我写作本书的缘起。

既然选择了前方，便只顾风雨兼程。前行开拓的艰难与泥泞崎岖，只有自己清楚。能够照亮心路的那盏灯，便是以勤补拙，博览群书，焚膏继晷。

自此一人躬耕书房，从初秋写到立冬，由深冬写至2015年的立春，两百天的日日夜夜，幸有一瓶花、一壶茶相伴，直写得两眼昏花，双鬓斑斑，前后润色删改六遍，总算有了此书的行将付梓。

感谢茶会雅集一起走过的诸多茶友。如：云南的迎新、木白、龚志琼、李静、黄枝红、黄良。南京的老崔茶馆、北京的刘冀川、银汉晴、四川的阿牛、绵阳的相宜、湖南的茗仙、龙泉的叶梓、景德镇的青塘、安徽的双且、郑州的清欢、常州的琢朴堂、宜兴的张利烽、安吉的钱群英、苏州的停云、丽江的秋月堂、济南的刘舫溪、李晓东诸友，甘苦共尝，亦师亦友，不胜枚举。

最后，还要感谢山东建筑大学的金文妍老师，不辞辛苦地为本书绘制了左、右手的基本茶席图例。感谢多才多艺的于善伟编辑，给予本书悉心的指导与帮助。

春天来了，一树棠梨红正酣。水声沸起，席已布好，赏茶、悦心、观己、知味，让我们且吃茶去。

静清和于泉城

## 主要参考书目 ○

1. 朱自振：《中国茶叶历史资料续辑》，东南大学出版社1991年版。

2. 刘安、陈静：《淮南子》，国家图书馆出版社2021年版。

3. 李昉：《太平御览》，河北教育出版社1997年版。

4. 孟诜：《食疗本草译注》，江苏凤凰科技出版社2017年版。

5. 陈继儒：《小窗幽记》，文化艺术出版社2015年版。

6. 贾思勰：《齐民要术》，中国书店出版社2018年版。

7. 冈仓天心，王蓓译：《茶之书》，华中科技大学出版社2017年版。

8. 刘爽：《人体工程学》，工业出版社2019年版。

9. 孔尚任：《孔尚任诗文集》，中华书局1962年版。

10. 胡平生：《礼记》，中华书局2017年版。

11. 爱新觉罗·弘历：《乾隆御制诗文全集》，中国人民大学出版社2013年版。

12. 钱仲联等：《元明清词鉴赏辞典》，上海辞书出版社2016年版。

13. 钱仲联等：《元明清诗鉴赏辞典》，上海辞书出版社2018年版。

14. 文震亨：《长物志》，中华书局2017年版。

15. 柳宗悦：《柳宗悦作品集》，广西师范大学出版社2018年版。

16. 俞蛟：《梦厂杂著》，上海古籍出版社1988年版。

17. 汤可敬：《说文解字》，中华书局2018年版。

18. 潮安县政协文史委员会：《潮安文史》创刊号， 1996年版。

19. 陈浏：《匋雅》，金城出版社2011年版。

20. 程大昌：《演繁露校正》，中华书局2018年版。

21. 周密：《齐东野语》，齐鲁书社2007年版。

22. 许之衡：《饮流斋说瓷》，中华书局2018年版。

23. 兰陵笑笑生：《金瓶梅词话》，里仁书局2020年版。

24. 吴承恩：《西游记》，四川人民出版社2017年版。

25. 王祯：《农书译注》，齐鲁书社2009年版。

26. 赵贞信：《封氏闻见记校注》，中华书局2016年版。

27. 袁宏道、张谦德、高濂：《瓶史、瓶花谱、瓶花三说》，化学工业出版社2020年版。

28. 陈从周：《说园》，同济大学出版社2017年版。

29. 计成：《园冶读本》，中国建筑工业出版社2013年版。

30. 封演：《封氏闻见记》，辽宁教育出版社1998年版。

31. 陆游：《陆游集》，中华书局1976年版。

32. 周亮工：《闽小记》，上海古籍出版社1985年版。

33. 唐圭璋：《全宋词》，中华书局1965年版。

34. 彭定求等：《全唐诗》，中华书局1960年版。

35. 徐松：《宋会要集稿》，中华书局1957年版。

36. 苏轼：《苏东坡全集》，北京燕山出版社2009年版。

37. 苏轼：《苏轼诗集》，中华书局1992年版。

38. 徐珂：《清稗类钞》，中华书局1984年版。

39. 马端临：《文献通考》，中华书局1986年版。

40. 谢肇淛：《五杂俎》，辽宁教育出版社2001年版。

41. 臧晋叔：《元曲选》，中华书局1989年版。

42. 苑晓春：《茶叶生物化学》，中国农业出版社2014年版。

43. 方健：《中国茶书全集校正》，中州古籍出版社2015年版。

44. 吴觉农：《中国地方志茶叶历史资料选辑》，农业出版社1990年版。

45. 张时彻：《珍本医籍丛刊》，中医古籍出版社2004年版。

46. 曹雪芹：《脂砚斋评石头记》，上海三联书店2011年版。

47. 佚名：《食物本草》，江苏广陵书社2015年版。

48. 聂钦：《泰山道里记》，杏雨山堂刻本1773年版。

49. 袁景澜：《吴郡岁华纪丽》，凤凰出版社1998年版。

50. 普济：《五灯会元》，中华书局1984年版。

51. 鸠摩罗什：《金刚经》，中州古籍出版社2009年版。

52. 陈淏子：《花镜》，农业出版社1956年版。

53. 沈复：《浮生六记》，广陵书社2006年版。

54. 冒襄：《影梅庵忆语》，内蒙古人民出版社1997年版。

55. 陈继儒：《养生肤语》，上海古籍出版社1990年版。

56. 高濂：《遵生八笺》，人民卫生出版社2007年版。

57. 孟元老、吴自牧：《东京梦华录、梦梁录》，江苏文艺出版社2019年版。

58. 黄元吉：《道德经注释》，中华书局2013年版。

59. 寇宗奭：《本草衍义》，中国医药科技出版社2021年版。

60. 陈景沂：《全芳备祖》，浙江古籍出版社2014年版。

61. 王实甫：《西厢记》，长江文艺出版社2019年版。

62. 方玉润：《诗经原始》，中华书局1986年版。

63. 周亮工：《闽小记》，福建人民出版社1985年版。

64. 陈鼓应：《庄子今注今译》，中华书局1983年版。

65. 黄寿祺：《周易译注》，中华书局2016年版。

66. 宗白华：《美学散步》，上海人民出版社1981年版。

67. 朱光潜：《谈美书简》，中华书局2012年版。

68. 汉宝德：《汉宝德谈美》，上海文艺出版社2013年版。

69. 盛翀：《江南园林意境》，上海交通大学出版社2009年版。